Mathematische Begriffe und Formeln

mit Anleitungen zur Benutzung des Taschenrechners

für Sekundarstufe I und II der Gymnasien
von HELMUT SIEBER und LEOPOLD HUBER

Grundlagen

Aus der Logik (Ergänzungen s. S. 33)

Aussagen sind Sätze, deren Inhalt entweder *wahr* oder *falsch* ist.

Wahrheitswerte (DIN 5474)
W (wahr); F (falsch)

Aussagenvariable

$p, q, \ldots$ sind Buchstaben oder andere Zeichen, an deren Stelle *Aussagen oder Wahrheitswerte* gesetzt werden können.

Verknüpfungszeichen, Verknüpfungen

$\neg p$ — nicht p — *Negation*
$p \wedge q$ — p und q — *Konjunktion*
$p \vee q$ — p oder q — *Disjunktion* (einschließendes oder)

Wahrheitstafeln

p	q	$\neg p$	$p \wedge q$	$p \vee q$
W	W	F	W	W
W	F	F	F	W
F	W	W	F	W
F	F	W	F	F

Zeichen für Folgerungen

$p \Longrightarrow q$ — wenn p, dann q (aus p folgt q) (p ist hinreichende Bedingung für q) — (*logische Implikation*)
$p \Longleftrightarrow q$ — p genau dann (dann und nur dann), wenn q; *andere Sprechweise:* p äquivalent q — (*logische Äquivalenz*)

Mengen (Mengenalgebra s. S. 35)

Schreibweisen und ihre Bedeutung

$\{a_1, a_2, \ldots, a_n\}$ Menge der Elemente $a_1, a_2, \ldots, a_n$
$\{x \mid B(x)\}$ Menge aller x, für die $B(x)$ gilt
$\emptyset$, auch $\{\ \}$ leere Menge (enthält kein Element)
$a \in M$ — a ist Element von M
$a \notin M$ — a ist nicht Element von M
$a, b \in M \Longleftrightarrow a \in M \wedge b \in M$
$M = N$ — M gleich N (Mengen mit denselben Elementen — Mengengleichheit!)

$M \subseteq N$ [1] — M ist Teilmenge von N wenn gilt: Aus $x \in M \Longrightarrow x \in N$ für alle $x \in M$
$M \subsetneqq N$ — M ist echte Teilmenge von N wenn gilt: $M \subseteq N \wedge M \neq N$
$M \supseteq N$ [2] — M ist Obermenge von N wenn gilt: Aus $x \in N \Longrightarrow x \in M$ für alle $x \in N$

$M \cap N$	Schnittmenge	von M und N	$M \cap N = \{x \mid x \in M \wedge x \in N\}$
$M \cup N$	Vereinigungsmenge	von M und N	$M \cup N = \{x \mid x \in M \vee x \in N\}$
$M \setminus N$	Differenzmenge (gelesen: M ohne N)	von M und N	$M \setminus N = \{x \mid x \in M \wedge x \notin N\}$
$\complement M$, auch $\overline{M}$	Komplementmenge	von M	$\complement M = G \setminus M$ (G ist Grundmenge)
$M \times N$	Produktmenge	von M und N	$M \times N = \{(a, b) \mid a \in M \wedge b \in N\}$
$\mathcal{P}(M)$	Potenzmenge	von M	$\mathcal{P}(M) = \{T \mid T \subseteq M\}$

Standardmengen (DIN 5473)

$\mathbb{N} = \{0, 1, 2, \ldots\}$ (früher $\mathbb{N}_0$)	$\mathbb{N}^* = \mathbb{N} \setminus \{0\} = \{1, 2, 3, \ldots\}$ (früher $\mathbb{N}$)
$\mathbb{Z}$ = Menge der ganzen Zahlen	$\mathbb{Z}^* = \mathbb{Z} \setminus \{0\}$; $\mathbb{Z}^*_+ = \{x \mid x \in \mathbb{Z}^* \wedge x > 0\}$
$\mathbb{Q}$ = Menge der rationalen Zahlen	$\mathbb{Q}^* = \mathbb{Q} \setminus \{0\}$; $\mathbb{Q}^*_+ = \{x \mid x \in \mathbb{Q}^* \wedge x > 0\}$
$\mathbb{R}$ = Menge der reellen Zahlen	$\mathbb{R}^* = \mathbb{R} \setminus \{0\}$; $\mathbb{R}^*_+ = \{x \mid x \in \mathbb{R}^* \wedge x > 0\}$
$\mathbb{C}$ = Menge der komplexen Zahlen	$\mathbb{C} = \{z \mid z = a + bi \wedge a, b \in \mathbb{R} \wedge i = \sqrt{-1}\}$

W, F

p, q

$\neg$ $\wedge$ $\vee$

$\Longrightarrow$, $\Longleftrightarrow$

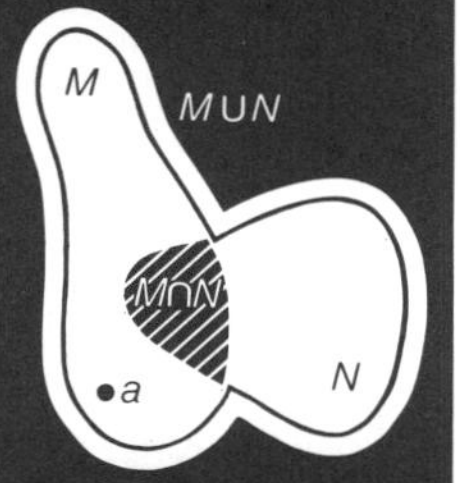

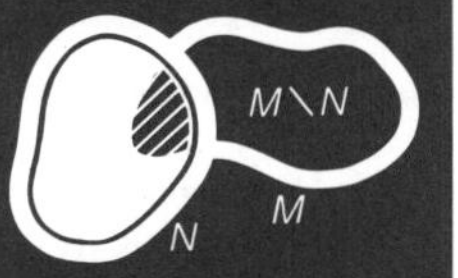

$\mathbb{N}, \mathbb{N}^*$
$\mathbb{Z}, \mathbb{Z}^*$
$\mathbb{Q}, \mathbb{Q}^*$
$\mathbb{R}, \mathbb{R}^*$
$\mathbb{C}$

1) auch $M \subset N$
2) auch $M \supset N$

Rechnen und Algebra

Grundrechenarten

$+$ $-$ $\cdot$ $:$

Verknüpfung	Bezeichnung	*a* heißt	*b* heißt	*c* heißt
$a+b=c$	Addition	Summand	Summand	Summe
$a-b=c$	Subtraktion	Minuend	Subtrahend	Differenz
$a\cdot b=c$	Multiplikation	Faktor	Faktor	Produkt
$a:b=c\ (b\neq 0)$	Division	Dividend	Divisor	Quotient

Klammerersparungsregeln (Hierarchie, s. auch S. 5)

( )

Rangfolge (Hierarchie) der Rechenoperationen:
Was in Klammern steht, zuerst ausrechnen! Zur Ersparung von Klammern ist festgesetzt:

- Die Rechenzeichen $\cdot$ und $:$ binden stärker als $+$ und $-$.
- Potenzen werden vorrangig ausgerechnet.

Beispiele: $5+2\cdot3=5+6=11$, jedoch $(5+2)\cdot3=7\cdot3=21$
$5+2^3=5+8=13$, jedoch $(5+2)^3=7^3=343$

Grundbegriffe der Algebra

$a,\ b,\ x,\ y$

Variable sind Buchstaben oder andere Zeichen (z. B. *a, b, x, y,* △, □, ...), an deren Stelle Zahlen aus einer gegebenen Menge, der **Grundmenge**, gesetzt werden.

$2,\ a+1,\ x^2y$

Term über einer Grundmenge ist ein Ausdruck, der aus Zahlen, Variablen und Rechenzeichen gebildet ist; Division durch 0 ist nicht erlaubt!
Beispiele: 5; $7-2$; $a+6$; $2b+9$; $(a+b)^2$; x^2-5x+y $(a, b, x, y \in G)$

Gleichung (Ungleichung)

$t_1=t_2$

Werden zwei Terme t_1 und t_2 durch ein Gleichheitszeichen (Ungleichheitszeichen) verbunden, so entsteht eine Gleichung (Ungleichung).
Gleichungen (Ungleichungen) sind spezielle Aussageformen (s. S. 33)

Beispiele für Gleichungen:	(Grundmenge)	*Beispiele für Ungleichungen:*
1. $3x+12=10x-5$	$(x\in\mathbb{N})$	$3x+2\leqq 10x-5$
2. $3(x+1)=3x+3$	$(x\in\mathbb{Z})$	$x^2\neq 49$
3. $x^2+y^2=25$	$(x, y\in\mathbb{Q})$	$x^2-y>0$
4. $2x=2x+10$	$(x\in\mathbb{R})$	$x\leqq x$

L

Lösungsmenge (Erfüllungsmenge) L einer Gleichung (Ungleichung) ist die echte oder unechte Teilmenge der Grundmenge, die genau aus *den* Elementen besteht, welche — anstelle der Variablen gesetzt — die Aussageform zu einer wahren Aussage machen, oder, wie man auch sagt, die Gleichung (Ungleichung) erfüllen. Ist die Lösungsmenge gleich der leeren Menge, so sagt man, die Gleichung (Ungleichung) hat keine Lösung.

$L=\emptyset$

Beispiele: 1. $5(x-1)\cdot(x-2)=0$ $L=\{1;2\}$ $x\in\mathbb{N}$
2. $x+1\leqq x$ $L=\emptyset$ $x\in\mathbb{R}$

Allgemeingültige Gleichung (Ungleichung)

$L=G$

Ist die Lösungsmenge gleich der Grundmenge, so heißt die Gleichung (Ungleichung) eine allgemeingültige Gleichung (Ungleichung) bezüglich der Grundmenge.
Beispiele: $2\cdot(x-1)=2x-2$ $(x\in\mathbb{Z})$; $(a+b)^2=a^2+2ab+b^2$ $(a, b\in\mathbb{R})$

Äquivalenz von Gleichungen (Ungleichungen)

$\Leftrightarrow$

Gleichungen (Ungleichungen) heißen äquivalent, wenn ihre Lösungsmengen übereinstimmen.
Eine Umformung einer Gleichung (Ungleichung) in eine äquivalente heißt *Äquivalenzumformung* (Zeichen $\Leftrightarrow$).

Beispiele $(G=\mathbb{R})$:

1. $2(x+1)=12 \Leftrightarrow x+1=6 \Leftrightarrow x=5$; $L=\{5\}$
2. Aus (1) $x-6=\sqrt{x}$ erhält man durch *Quadrieren* beider Seiten die Gleichung
(2) $x^2-13x+36=0$ mit $L_2=\{4;9\}$. Nur 9 ist aber Lösung von (1) — *Probe machen!* Also ist $L_1=\{9\}$. (1) und (2) sind *nicht äquivalent!*

3. $4x^2=(x-1)^2$
$(2x=x-1)\vee(-2x=x-1)$
$(x=-1)\vee(-3x=-1)$
$(x=\frac{1}{3})$
$L=\left\{-1;\frac{1}{3}\right\}$

Grundgesetze

Kommutativgesetze	$a+b = b+a$	$a \cdot b = b \cdot a$
Assoziativgesetze	$(a+b)+c = a+(b+c)$	$(a \cdot b) \cdot c = a \cdot (b \cdot c)$
Distributivgesetz	$a \cdot (b+c) = a \cdot b + a \cdot c$	

Gesetze der Anordnung $a < b \Leftrightarrow b > a \Leftrightarrow (b-a) > 0$ $a, b, c \in \mathbb{R}$

Aus $a < b$ folgt:	$a+c < b+c$	$a \cdot c < b \cdot c$,	wenn $c > 0$
Aus $a < b$ folgt:	$-a > -b$	$\frac{1}{a} > \frac{1}{b}$,	wenn $a > 0$

Absoluter Betrag, Signum, Gaußklammer

Definitionen

	Betrag a ($\lvert a \rvert$)	Signum a (sgn a)
$a > 0$	$\lvert a \rvert = +a$	sgn $a = 1$
$a = 0$	$\lvert a \rvert = 0$	sgn $a = 0$
$a < 0$	$\lvert a \rvert = -a$	sgn $a = -1$

Gesetze

$\lvert a+b \rvert \leqq \lvert a \rvert + \lvert b \rvert$ (Dreiecksungleichung)

$\lvert a+b \rvert \geqq \lvert \lvert a \rvert - \lvert b \rvert \rvert$

$\lvert a_1 + a_2 + \cdots a_n \rvert \leqq \lvert a_1 \rvert + \lvert a_2 \rvert + \cdots \lvert a_n \rvert$

Gaußklammer $[a]$: $[a] = z$ mit $z \in \mathbb{Z}$ und $a-1 < z \leqq a$

Bruchrechnen $a, b, c \in \mathbb{N}$, Nenner stets ungleich Null

Reziproke Zahlen (Kehrzahlen) $\frac{a}{b}, \frac{b}{a};\; n, \frac{1}{n}$ Es ist: $\frac{a}{b} \cdot \frac{b}{a} = 1;\; n \cdot \frac{1}{n} = 1$

Gleichheit $\frac{a}{b} = \frac{c}{d} \Leftrightarrow a \cdot d = b \cdot c \Leftrightarrow a : b = c : d$

Erweitern	$\frac{a}{b} = \frac{a \cdot z}{b \cdot z}$ $(z \neq 0)$	**Kürzen**	$\frac{a}{b} = \frac{a : z}{b : z}$ $(z \neq 0)$
Addition	$\frac{a}{b} + \frac{c}{d} = \frac{ad+bc}{bd}$	**Subtraktion**	$\frac{a}{b} - \frac{c}{d} = \frac{ad-bc}{bd}$
Multiplikation	$\frac{a}{b} \cdot \frac{c}{d} = \frac{ac}{bd}$	**Division**	$\frac{a}{b} : \frac{c}{d} = \frac{ad}{bc}$

Termumformungen (allgemeingültige Gleichungen)

Binomische Formeln

$(a+b)^2 = a^2 + 2ab + b^2$ $a^2 + b^2$ nicht zerlegbar in $\mathbb{R}$

$(a-b)^2 = a^2 - 2ab + b^2$ $a^2 - b^2 = (a+b)(a-b)$

$(a+b)^3 = a^3 + 3a^2b + 3ab^2 + b^3$ $a^3 + b^3 = (a+b)(a^2 - ab + b^2)$

$(a-b)^3 = a^3 - 3a^2b + 3ab^2 - b^3$ $a^3 - b^3 = (a-b)(a^2 + ab + b^2)$

$(a+b)^4 = a^4 + 4a^3b + 6a^2b^2 + 4ab^3 + b^4$

$(a-b)^4 = a^4 - 4a^3b + 6a^2b^2 - 4ab^3 + b^4$

$a^4 - b^4 = (a^2 - b^2)(a^2 + b^2) = (a-b)(a+b)(a^2+b^2) = (a-b)(a^3 + a^2b + ab^2 + b^3)$

$a^n - b^n = (a-b)(a^{n-1} + a^{n-2}b + a^{n-3}b^2 + \cdots + b^{n-1})$

$a^{2n} - b^{2n} = (a^n - b^n)(a^n + b^n)$

Mehrgliedrige Ausdrücke

$(a+b)(c+d-e) = ac + ad - ae + bc + bd - be$ (a, b, c, d auch negativ!)

$(a+b+c)^2 = a^2 + b^2 + c^2 + 2ab + 2ac + 2bc$

$(a+b+c)^3 = a^3 + b^3 + c^3 + 3(a^2b + a^2c + b^2a + b^2c + c^2a + c^2b) + 6abc$

Vertauschung
Verbindung
Verteilung

$<$
$>$

$\lvert a \rvert$

sgn a

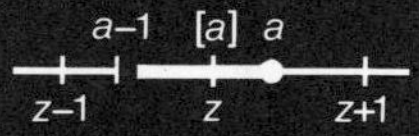

$\frac{a}{b}, \frac{b}{a}$

+, –

·, :

$(a \pm b)^2$

$(a \pm b)^3$

$(a \pm b)^4$

$a^4 - b^4$

$a^n - b^n$

$a^{2n} - b^{2n}$

Funktion (s. auch S. 20 und S. 37)

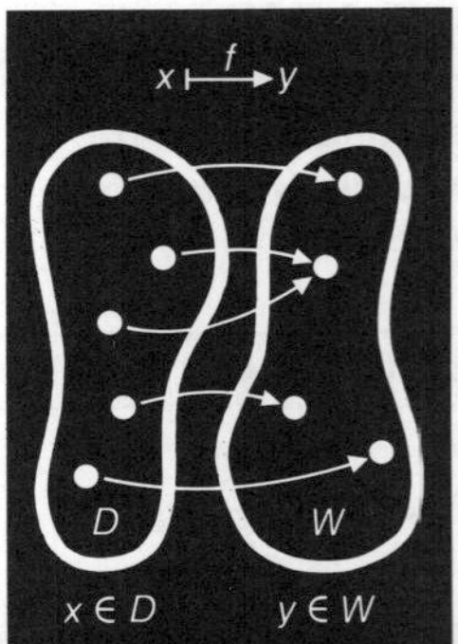

Funktion

Eine *Funktion f* ist eine Zuordnung (Zeichen: $\mapsto$), bei der jedem Element einer ersten Menge D (Definitionsmenge, Definitionsbereich) genau ein Element einer zweiten Menge Z (Zielmenge) zugeordnet ist. Die Menge $W = f(D)$ heißt Wertemenge (Wertevorrat, Wertebereich); es ist $W \subseteq Z$.

Sie ist bestimmt durch: *Definitionsmenge, Wertevorrat* und *Zuordnungsvorschrift*

Funktionsgleichung

Bezeichnet man die Elemente der Definitionsmenge mit x, die zugeordneten Elemente des Wertevorrats mit y und läßt sich eine Gleichung $y = f(x)$ angeben, mit der zu jedem x das zugehörige y berechnet werden kann, so nennt man $y = f(x)$ eine *Funktionsgleichung*.

Funktionswert $f(x_1)$ ist der *Funktionswert* an der Stelle x_1.

Graph (Schaubild) einer Funktion

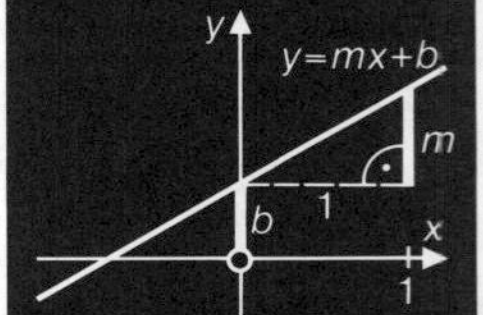

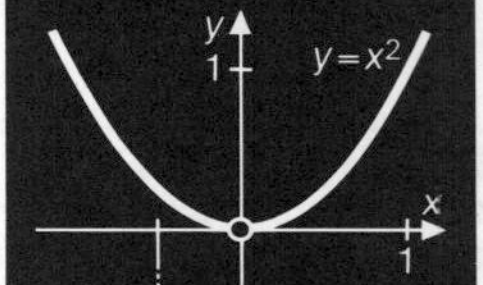

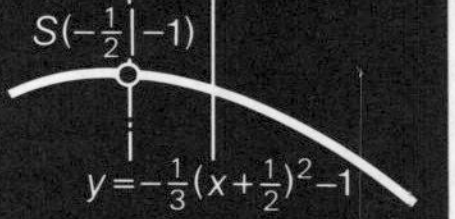

Gleichung:	$y = mx$ (Proportionalität)	$y = mx + b$	$y = x^2$ $(x \in \mathbb{R})$
Schaubild:	*Ursprungsgerade* mit Steigung m	*Gerade* mit Steigung m und y-Achsenabschnitt b	*Normalparabel* (siehe Figur)
Gleichung:	$y = ax^2 + bx + c \iff y = a\left(x + \frac{b}{2a}\right)^2 - \frac{b^2 - 4ac}{4a}$ $(a \neq 0)$		
Schaubild:	*Parabel* mit Scheitel $S\left(-\frac{b}{2a} \,\middle|\, -\frac{b^2 - 4ac}{4a}\right)$ und Achse parallel zur y-Achse ($a > 0$: nach „oben" geöffnet; $a < 0$: nach „unten" geöffnet)		

Lineare Gleichungssysteme (s. auch S. 46/47)

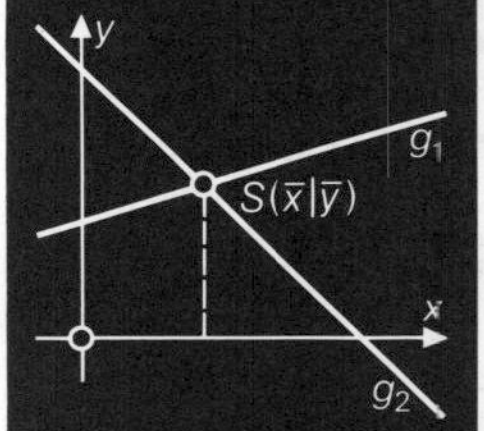

Das *Gleichungssystem* $\begin{cases} a_1 x + b_1 y = c_1 \\ a_2 x + b_2 y = c_2 \end{cases}$ hat eine eindeutig bestimmte

Lösungsmenge $L = \{(\overline{x}, \overline{y})\}$ mit $\overline{x} = \frac{c_1 b_2 - c_2 b_1}{a_1 b_2 - a_2 b_1}$, $\overline{y} = \frac{a_1 c_2 - a_2 c_1}{a_1 b_2 - a_2 b_1}$,

wenn $D = a_1 b_2 - a_2 b_1 \neq 0$.

Systeme mit n Variablen, Fallunterscheidungen für $D = 0$, Determinanten- und Gaußsches Eliminationsverfahren s. S. 46/47.

Quadratische Gleichung

Normalform: $ax^2 + bx + c = 0 \quad (a \neq 0) \quad L = \{x_1, x_2\}$

$$x_{1;2} = \frac{-b \pm \sqrt{b^2 - 4ac}}{2a} = \frac{-\frac{b}{2} \pm \sqrt{\left(\frac{b}{2}\right)^2 - ac}}{a}$$

Normierte Form: $x^2 + px + q = 0$

$$x_{1;2} = \frac{-p \pm \sqrt{p^2 - 4q}}{2} = -\frac{p}{2} \pm \sqrt{\left(\frac{p}{2}\right)^2 - q}$$

Satz von Vieta:

$x_1 + x_2 = -\frac{b}{a}$

$x_1 \cdot x_2 = \frac{c}{a}$

$x_1 + x_2 = -p$

$x_1 \cdot x_2 = q$

Zeichnerische Lösung der Gleichung in Normalform:

x_1, x_2 sind die Abszissen der Schnittpunkte S_1, S_2 von Normalparabel und Graph mit Gleichung $y = -\frac{b}{a}x - \frac{c}{a}$.

$ax^2 + bx + c = 0$

$x^2 + px + q = 0$

Gleichungen n-ten Grades

Lösungen von $a_n x^n + a_{n-1} x^{n-1} + \cdots + a_1 x + a_0 = 0$ $(a_n \neq 0)$

1. Ist n ungerade, so hat die Gleichung *mindestens eine* reelle Lösung.
2. Für beliebiges n gilt: a) Es gibt *höchstens n* verschiedene reelle Lösungen.
   b) Mit $z = a + b\,i$ ist auch $\overline{z} = a - b\,i$ eine Lösung. $(z \in \mathbb{C})$

=

Polynome n-ten Grades

Polynom n-ten Grads $P_n(x) = a_n x^n + a_{n-1} x^{n-1} + \ldots + a_1 x + a_0$ $(a_n \neq 0)$

Satz

Für $P_n(x_0) = 0$ mit $x_0 \neq 0$ ist: $P_n(x) = (x - x_0)\left(a_n x^{n-1} + \ldots - \frac{a_0}{x_0}\right) = (x - x_0) \cdot P_{n-1}(x)$

Anwendung auf die Lösung einer Gleichung 3. Grades:

Für $P_3(x) = x^3 - 6x^2 + 11x - 6 = 0$ ist $P_3(1) = 0$

Durch Division erhält man: $P_3(x) : (x-1) = x^2 - 5x + 6 = P_2(x)$ mit $L_2 = \{2; 3\}$.

Lösungsmenge von $P_3(x) = (x-1)(x^2 - 5x + 6) = 0$ ist $L_3 = L_1 \cup L_2 = \{1; 2; 3\}$.

$P_n(x)$

$P_n(x) = 0$

Berechnungen mit Taschenrechner

Rechenlogiken von Taschenrechnern

(AL)	*Algebraische Logik*	Rechnet gemäß Eingabe („von links nach rechts“).
(ALH)	*Algebraische Logik mit Hierarchie*	Rechnet gemäß Hierarchie der Rechenoperationen (s. S. 2). (Taschenrechner mit AL und ALH besitzen [=]-Taste)
(UPN)	*Umgekehrte Polnische Notation*	Rechnet mit nachgestellten Rechenanweisungen. (besitzt keine [=]-Taste; [↑] bedeutet [ENTER]-Taste)

AL

ALH

UPN

Tastfolgen und ihre Darstellung

Hintereinanderausgeführte Tastungen sind in Kästchen waagrecht aneinandergereiht. Operanden sind auf ein Raster gestellt.

(AL) / (ALH): [2] [+] [3] [×] [4] [=] rechnet $(2+3) \cdot 4 = 20$; $2 + 3 \cdot 4 = 14$;

(UPN): [2] [↑] [3] [+] [4] [×] rechnet $(2+3) \cdot 4 = 20$;

[▨] [+] [▨] [=]

Berechnen von Polynomen n-ten Grades nach Horner

Umformung: $P_n(x_0) = \{[\ldots(a_n x_0 + a_{n-1}) x_0 + a_{n-2}] x_0 + \ldots] x_0 + a_1\} x_0 + a_0$

(AL): [a_n] [×] [x_0] [+] [a_{n-1}] [×] [x_0] [+] … [+] [a_1] [×] [x_0] [+] [a_0] [=]

(ALH): [a_n] [×] [x_0] [+] [a_{n-1}] [=] [×] [x_0] [+] [a_{n-1}] [=] [×] [x_0] [+] … [a_1] [=] [×] [x_0] [+] [a_0] [=]

(UPN): [a_n] [ENTER] [x_0] [×] [a_{n-1}] [+] [x_0] [×] … [a_1] [+] [x_0] [×] [a_0] [+]

Anstatt x_0 immer neu einzutasten kann man x_0 auch speichern und jeweils abrufen.

Beispiel: $P_3(x) = 2x^3 - 4x^2 + 3x + 5$; es ist $P_3(1{,}23)$ zu berechnen.

(AL): [2] [×] [1.23] [M] [−] [4] [×] [RM] [+] [3] [×] [RM] [+] [5] [=]

(ALH): [2] [×] [1.23] [STO] [−] [4] [=] [×] [RCL] [+] [3] [=] [×] [RCL] [+] [5] [=]

Ergebnis: $P_3(1{,}23) = 6{,}360134$

$P_n(x_0)$

Berechnen der reellen Lösungen einer quadratischen Gleichung (s. S. 4)

Umformungen: $x_1 = -\frac{b}{2a} + \sqrt{\underbrace{\left(\frac{b}{2a}\right)^2 - \frac{c}{a}}_{D}}$; $x_2 = \frac{c}{x_1 a} = x_1 - 2 \cdot \sqrt{D}$; $(D \geqq 0)$

(AL): [b] [÷] [2] [÷] [a] [=] [M] [−] [c] [÷] [a] [+] [RM] [x^2] [=] ▼$(D \geqq 0)$ [$\sqrt{x}$] [−] [RM] [×] ▼x_1 [a] [÷] [c] [=] [1/x] ▼x_2

(ALH): [b] [÷] [2] [÷] [a] [=] [STO] [x^2] [−] [c] [÷] [a] [=] ▼$(D \geqq 0)$ [$\sqrt{x}$] [−] [EXC] [−] ▼x_1 [2] [×] [RCL] [=] ▼x_2

(UPN): [b] [↑] [2] [÷] [a] [÷] [STO] [x^2] [c] [↑] [a] [÷] [−] ▼$(D \geqq 0)$ [$\sqrt{x}$] [RCL] [−] ▼x_1 [a] [×] [c] [÷] [1/x] ▼x_2

(D, x_1, x_2 erscheinen nach dem Tasten des darüberstehenden Symbols in der Anzeige)

$ax^2 + bx + c = 0$

Mittelwerte von *a* und *b* (a, b > 0)

Arithmetisches Mittel	$m_A = \frac{a+b}{2}$	$m_H \leqq m_G \leqq m_A$
Geometrisches Mittel	$m_G = \sqrt{a\,b}$	$m_G = \sqrt{m_H \cdot m_A}$
Harmonisches Mittel	$m_H = \frac{2a\,b}{a+b}$	$\frac{1}{m_H} = \frac{1}{2}\left(\frac{1}{a}+\frac{1}{b}\right)$

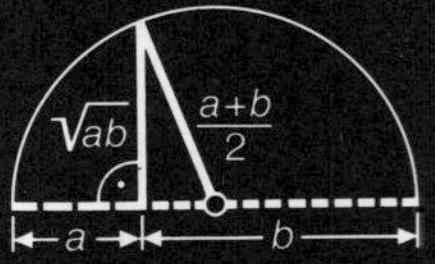

Potenzen, Wurzeln (Radikand nicht negativ; $m, n, k \in \mathbb{N}^*$)

Definitionen

$a^n = \underbrace{a \cdot a \cdot a \cdot \ldots \cdot a}_{n \text{ Faktoren}}$ (a beliebig, $n \in \mathbb{N}$ und $n \geqq 2$); $a^1 = a$; $a^0 = 1$ $(a \neq 0)$

$\sqrt[n]{a} = x \iff x^n = a$ ($a \geqq 0$, $n \in \mathbb{N}$ und $n \geqq 2$, $x \geqq 0$); $\sqrt[2]{a} = \sqrt{a}$; $\sqrt{a^2} = |a|$

Sätze

$a^m \cdot a^n = a^{m+n}$

$a^m : a^n = a^{m-n}$

$a^n \cdot b^n = (a\,b)^n$

$a^n : b^n = \left(\frac{a}{b}\right)^n$

$(a^m)^n = a^{m\,n} = (a^n)^m$

$\sqrt[n]{a} \cdot \sqrt[n]{b} = \sqrt[n]{a\,b}$

$\sqrt[n]{a} : \sqrt[n]{b} = \sqrt[n]{\frac{a}{b}}$

$\left(\sqrt[n]{a}\right)^m = \sqrt[n]{a^m} = \sqrt[kn]{a^{km}}$

$\sqrt[m]{\sqrt[n]{a}} = \sqrt[mn]{a} = \sqrt[n]{\sqrt[m]{a}}$

$a^{-n} = \frac{1}{a^n}$

$a^{\frac{1}{n}} = \sqrt[n]{a}$

$a^{\frac{m}{n}} = \sqrt[n]{a^m}$

$a^{-\frac{m}{n}} = \frac{1}{\sqrt[n]{a^m}}$

(Wurzelsätze sind Potenzsätze mit gebrochenen Hochzahlen!)

a^n

(AL, ALH)

$\sqrt[n]{a}$

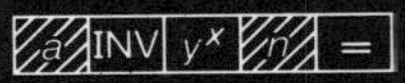

(AL, ALH)

Logarithmen (Schreibweise nach DIN 1302)

Definition $x = \log_b a \iff b^x = a$ $(a, b > 0 \text{ und } b \neq 1)$
(Daraus folgt: $\log_b b = 1$; $\log_b 1 = 0$)

Rechengesetze $\log(u \cdot v) = \log u + \log v$; $\log u^n = n \cdot \log u$

$\log \frac{u}{v} = \log u - \log v$; $\log \sqrt[n]{u} = \frac{1}{n} \cdot \log u$

Sonderfälle: $\log_{10} x = \lg x$; $\log_e x = \ln x$; $\log_2 x = \operatorname{lb} x$

Umrechnung von Basis g auf Basis b: $\log_b x = \log_b g \cdot \log_g x$; $\log_b g \cdot \log_g b = 1$

$\lg x = \mathrm{M} \cdot \ln x$; $\mathrm{M} = \lg e = 0{,}43429448\ldots$; $\frac{1}{\mathrm{M}} = \ln 10 = 2{,}30258509\ldots$

log

Komplexe Zahlen

$i^2 = -1$; $i = \sqrt{-1}$; $i^3 = -i$; $i^4 = +1$; in der GAUßschen Zahlenebene ist $i = (0,1)$.

$z = a + b\,i = r(\cos\varphi + i\sin\varphi)$; $r = |z| = \sqrt{a^2+b^2}$; $\tan\varphi = \frac{b}{a}$

$z = r(\cos\varphi + i\sin\varphi) = r \cdot e^{i\varphi}$ (EULERsche Relation)

Rechenoperationen (Verknüpfungen):

$z_1 \pm z_2 = (a_1 \pm a_2) + (b_1 \pm b_2)\,i$

$z_1 \cdot z_2 = r_1 \cdot r_2 \cdot e^{i(\varphi_1+\varphi_2)} = r_1 r_2 [\cos(\varphi_1+\varphi_2) + i\sin(\varphi_1+\varphi_2)]$

$\frac{z_1}{z_2} = \frac{r_1}{r_2} e^{i(\varphi_1-\varphi_2)} = \frac{r_1}{r_2}[\cos(\varphi_1-\varphi_2) + i\sin(\varphi_1-\varphi_2)]$

$z^n = [r(\cos\varphi + i\sin\varphi)]^n = r^n[\cos n\varphi + i\sin n\varphi]$ (Satz von MOIVRE)

$\sqrt[n]{z} = \sqrt[n]{a+b\,i} = \sqrt[n]{r}\left(\cos\frac{\varphi + k\cdot 360°}{n} + i \cdot \sin\frac{\varphi + k \cdot 360°}{n}\right)$; $k = 0, 1, 2, \ldots, (n-1)$ (Hauptwert, wenn $k = 0$)

$\ln z = \ln(a+b\,i) = \ln|z| + i\,\varphi \pm 2\,n\,\pi\,i$; $\varphi = \arctan\frac{b}{a}$ (Hauptwert)

a + bi

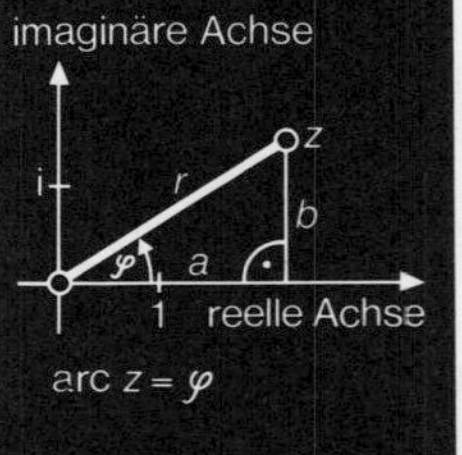

Vollständige Induktion

Für eine *Aussageform A (n)* gelte:

a) $A(n_0)$ ist eine wahre Aussage für $n_0 \in \mathbb{N}$. (*Induktionsanfang*)

b) $A(n) \Longrightarrow A(n+1)$ ist eine wahre Aussage. (*Induktionsschritt*)

Dann gilt $A(n)$ für alle $n \in \mathbb{N}$ mit $n \geqq n_0$. (*Induktionsprinzip*)

$A(n) \Rightarrow A(n+1)$

Binomischer Satz, Fakultät, Abschätzungen

Binomischer Satz

$$(a+b)^n = a^n + \binom{n}{1} a^{n-1} b + \binom{n}{2} a^{n-2} b^2 + \ldots + \binom{n}{n-1} a b^{n-1} + \binom{n}{n} b^n$$

$(a+b)^n$

Binomialkoeffizienten

$$\binom{n}{k} = \frac{n(n-1)(n-2)\ldots(n-k+1)}{1 \cdot 2 \cdot 3 \cdot \quad \ldots \quad \cdot k} = \frac{n!}{k!\,(n-k)!}; \quad \binom{n}{k} = \binom{n}{n-k}$$

$$\binom{n}{0} = 1; \quad \binom{n}{1} = n; \quad \binom{n}{n} = 1. \quad \binom{n}{0} + \binom{n}{1} + \binom{n}{2} + \ldots + \binom{n}{n} = 2^n$$

$$\binom{n}{k-1} + \binom{n}{k} = \binom{n+1}{k}; \quad \binom{k}{k} + \binom{k+1}{k} + \ldots + \binom{n}{k} = \binom{n+1}{k+1}$$

$\binom{n}{k}$

BERNOULLIsche Ungleichung

$(1+x)^m > 1 + mx$ für $m \geqq 2 \wedge x \neq 0 \wedge x > -1$

***n*-Fakultät** $n! = 1 \cdot 2 \cdot 3 \cdot \ldots \cdot n$; Definitionen: $0! = 1$; $1! = 1$

$n!$

STIRLINGsche Näherungsformel

$$n! \approx \sqrt{2\pi n} \cdot \left(\frac{n}{e}\right)^n \cdot \left(1 + \frac{1}{12n}\right);$$ Fehler $< 0{,}001\,\%$ für $n \geqq 18$

Logarithmische Berechnung von n!

$$\lg n! \approx \frac{1}{2} \cdot \lg(2\pi) + (n+0{,}5)\lg n - n \lg e + \lg\left(1 + \frac{1}{12n}\right)$$

Besserer Wert mit $\left(1 + \frac{1}{12n} + \frac{1}{288n^2}\right)$ an Stelle von $\left(1 + \frac{1}{12n}\right)$

Potenzsummen

$$\sum_{k=1}^{n} k = \frac{1}{2} n(n+1) \qquad \sum_{k=1}^{n} k^2 = \frac{1}{6} n(n+1)(2n+1)$$

$$\sum_{k=1}^{n} k^3 = \frac{1}{4} n^2 (n+1)^2 \qquad \sum_{k=1}^{n} k^4 = \frac{1}{30} n(n+1)(2n+1)(3n^2+3n-1)$$

$\sum_{k=1}^{n} k^2$

Folgen, Reihen (arithmetische, geometrische)

Folge $a_1, a_2, \ldots, a_n$

Reihe $a_1 + a_2 + \ldots + a_n = \sum_{k=1}^{n} a_k = s_n$

s_n

Arithm. Reihe $s_n = a_1 + a_2 + a_3 + \ldots + a_{n-1} + a_n$ (*n* Glieder)

Differenz $d = a_n - a_{n-1} = \ldots = a_3 - a_2 = a_2 - a_1 =$ konstant

Endglied $a_n = a_1 + (n-1)\,d$; *k* tes Glied $a_k = a_1 + (k-1)\,d$

Summe $s_n = \frac{n}{2}(a_1 + a_n) = \frac{n}{2}[2a_1 + (n-1)\,d]$

Geom. Reihe $s_n = a + aq + aq^2 + \ldots + aq^{n-2} + aq^{n-1}$ (*n* Glieder)

Quotient $q = \frac{a_n}{a_{n-1}} = \frac{a_{n-1}}{a_{n-2}} = \ldots = \frac{a_3}{a_2} = \frac{a_2}{a_1} =$ konstant

q

Endglied $a_n = a\,q^{n-1}$; *k* tes Glied $a_k = a\,q^{k-1}$

Summe $s_n = a\frac{q^n - 1}{q-1} = a\frac{1-q^n}{1-q}$ $(q \neq 1)$

Unendliche geom. Reihe $s = \lim_{n \to \infty} s_n = \frac{a}{1-q}$ (wenn $|q| < 1$, da hierfür $\lim_{n \to \infty} q^n = 0$)

$\frac{a}{1-q}$

Prozentrechnen (Prozentsatz $p\,\% = \frac{p}{100}$)

Prozentwert P	Grundwert G	Prozentsatz $p\,\%$
$P = \frac{G \cdot p}{100}$	$G = \frac{P \cdot 100}{p}$	$p\,\% = \frac{P}{G} \cdot 100\,\%$

Beispiel: Wenn $P = 51$ DM, $p\,\% = 17\,\%$, dann ist $G = \frac{51\text{ DM} \cdot 100}{17} = 300$ DM.

Zinsrechnen (Jahreszinssatz $p\,\% = \frac{p}{100} = i$)

Zins $z = \frac{K \cdot j \cdot p}{100}$ **Kapital** $K = \frac{100 \cdot z}{p \cdot j}$ **Zinssatz** $p\,\% = \frac{100 \cdot z}{K \cdot j}\,\%$

Zeit $j = \frac{100 \cdot z}{K \cdot p}$ (j in Jahren. Ist m die Zeit in Monaten und t die Zeit in Tagen, so ist zu setzen: $j = \frac{m}{12} = \frac{t}{360}$)

Tageszinsen (Zins für t Tage) $z = \frac{K \cdot t \cdot p}{100 \cdot 360} = \frac{K \cdot t}{100} : \frac{360}{p} = Z : d$ mit

Zinszahl $Z = \frac{K \cdot t}{100}$ **Zinsteiler** $d = \frac{360}{p}$

Zinseszins- und Rentenrechnen $q = 1 + \frac{p}{100} = 1 + i$ (Zinsfaktor)

Kapital mit Zins und Zinseszins

Endwert K_n des Anfangskapitals K_0 nach n Jahren:
$K_n = K_0 \cdot q^n$

Barwert K_0 des nach n Jahren fälligen Kapitals K_n:
$K_0 = K_n \cdot \frac{1}{q^n}$

Zeitrente Ratensparen

Endwert der nach n Jahren angesammelten Jahresraten R

Barwert der Zusage, n mal die Jahresrate R zu zahlen

in regelmäßigen Jahresraten R

bei *nachschüssiger* Zahlungsweise:

$E_n = R \cdot \frac{q^n - 1}{q - 1} = R \cdot e_n$ | $B_n = R \cdot \frac{1}{q^n} \frac{q^n - 1}{q - 1} = R \cdot b_n$

bei *vorschüssiger* Zahlungsweise:

$E_n^{\text{vor}} = R \cdot q \frac{q^n - 1}{q - 1} = Rqe_n$ | $B_n^{\text{vor}} = R \cdot \frac{1}{q^{n-1}} \frac{q^n - 1}{q - 1} = Rqb_n$

Sparkassenformeln

Endwert K_n des Kapitals K_0 nach n Jahren, das durch Jahresraten R vermehrt $(+)$ bzw. vermindert $(-)$ wird bei *nachschüssiger* Zahlungsweise: $K_n = K_0 \cdot q^n \pm R \cdot \frac{q^n - 1}{q - 1}$

Schuldentilgung

Jährliche Tilgungsrate (Annuität) R_n zur Tilgung einer Schuld A in n Jahren bei *nachschüssiger* Zahlungsweise:

$$R_n = A \cdot q^n \cdot \frac{q - 1}{q^n - 1} = A \cdot a_n \qquad \left(a_n = \frac{1}{b_n}\right)$$

Bezeichnungen: q^n: Aufzinsungsfaktor a_n: Tilgungsfaktor
e_n: Rentenendwertfaktor b_n: Rentenbarwertfaktor

Unterjährige Verzinsung: Wird m mal im Jahr nach gleichlangen Zeitabschnitten zu $p_m\,\% = i_m$ verzinst, so ist dies äquivalent einer jährlichen Verzinsung zu $p\,\% = i$ mit $i = (1 + i_m)^m - 1$ und $i_m = \frac{p_m}{100}$ (*Äquivalenter Zinssatz*).

Abschreibung (Abschreibungssatz $p\,\% = \frac{p}{100}$)

Lineare Abschreibung

Buchwert W_n des Anschaffungswerts W_0 nach n Jahren:

$$W_n = W_0 \cdot \left(1 - n \cdot \frac{p}{100}\right)$$

Degressive Abschreibung

Buchwert W_n des Anschaffungswerts W_0 nach n Jahren:

$$W_n = W_0 \left(1 - \frac{p}{100}\right)^n = W_0 \cdot w_n$$ (w_n: Abschreibungsfaktor)

%

Zins

Zinseszins

Rente

Tilgung

Abschreibung

Geometrie in der Ebene

Abbildungen*) (Jedem Originalpunkt P wird sein Bildpunkt P' zugeordnet.)

I. Die Kongruenzabbildungen

Name der Abbildung	*Symbol*	*Inverse Abb.*
Geradenspiegelung an Gerade *a* (Achsenspiegelung, -symmetrie)	S_a	S_a
Parallelverschiebung um $\vec{c}$ ($\vec{c}$ heißt Schiebungsvektor)	$V_{\vec{c}}$	$V_{-\vec{c}}$
Drehung um *A* um Drehwinkel φ *Spezialfall:* Punktspiegelung an M	$D_{A,\,\varphi}$ $S_M = D_{M,\,180°}$	$D_{A,\,-\varphi}$ S_M
Schubspiegelung mit Schiebungsvektor $\vec{c} \parallel g$ und Schubspiegelachse g	$G_{\vec{c},\,g}$	$G_{-\vec{c},\,g}$

Invarianten: Größe eines Winkels, Länge einer Strecke, Parallelität, Flächeninhalt

II. Hintereinanderausführung von Abbildungen (Zeichen $\circ$)

Bezeichnungen: 1. Abbildung $(P \mapsto P')$: α_1; 2. Abbildung $(P' \mapsto P'')$: α_2

Verkettung von α_1 mit α_2 ist die zusammengesetzte Abbildung $(P \mapsto P'')$: $\alpha_2 \circ \alpha_1$

Inverse Abbildung: Zwei Abbildungen α_1 und α_2 sind invers zueinander, wenn $\alpha_2 \circ \alpha_1 = \alpha_1 \circ \alpha_2 = \mathrm{I}$ gilt. (I = Identität)

Involutorische Abb.: Eine Abb. α heißt involutorisch, wenn für alle Punkte P das Bild von P' wieder der Originalpunkt P ist $(P \mapsto P' \wedge P' \mapsto P)$, wenn also $\alpha \circ \alpha =$ Identität I ist.

Formeln:
1) $S_h \circ S_g = V_{2\vec{c}}$ für $g \parallel h$ und Abstandsvektor $\vec{c}$ von g zu h
2) $S_h \circ S_g = D_{C,\,2\gamma}$ für $g \cap h = \{C\}$ und $\sphericalangle\,(g, h) = \gamma$
3) $V_{\vec{b}} \circ V_{\vec{a}} = V_{\vec{a}+\vec{b}}$
4) $D_{M,\,\beta} \circ D_{M,\,\alpha} = D_{M,\,\alpha+\beta}$
5) $V_{\vec{a}} \circ S_g = S_g \circ V_{\vec{a}} = G_{\vec{a},\,g}$ $\quad (\vec{a} \parallel g)$

Die *Kongruenzabbildungen* bilden zusammen mit der Identität I als neutralem Element bezüglich der Hintereinanderausführung eine *Gruppe.*

III. Ähnlichkeitsabbildungen

Zentrische Streckung mit Zentrum M und Streckfaktor k $(k \neq 0)$

Symbol: $Z_{M,\,k}$ *Inverse Abbildung:* $Z_{M,\,\frac{1}{k}}$

$\overrightarrow{MP'} = k \cdot \overrightarrow{MP}$ (k heißt auch Ähnlichkeitsmaßstab oder Ähnlichkeitsverhältnis.)

Die *Gruppe der Ähnlichkeitsabbildungen* läßt sich durch Hintereinanderausführung von zentrischen Streckungen und Kongruenzabbildungen aufbauen.

Invarianten: Größe eines Winkels, Streckenverhältnis $s' : s = |k|$, Flächeninhaltsverhältnis $A' : A = k^2$; zentrische Streckungen sind parallelentreu.

IV. Achsenaffinitäten mit fester Achse a (orientierte Gerade)

Allgemeine schiefe Affinität, festgelegt durch Achse a, Affinitätsrichtung und Affinitätsfaktor k oder durch Achse a und das Bild eines Einheitsvektors senkrecht zur Achse oder durch Achse a und 2 entsprechende Punkte.

Spezialfälle: Spiegelungen, Schrägspiegelungen, Scherungen, senkrechte Affinitäten und Identität

Invarianten: Parallelität, Flächeninhaltsverhältnis
(Parallele Strecken werden im selben Verhältnis verkürzt.)

Die *Achsenaffinitäten mit fester Achse* bilden zusammen mit der Identität bezüglich der Hintereinanderausführung eine *Gruppe.*

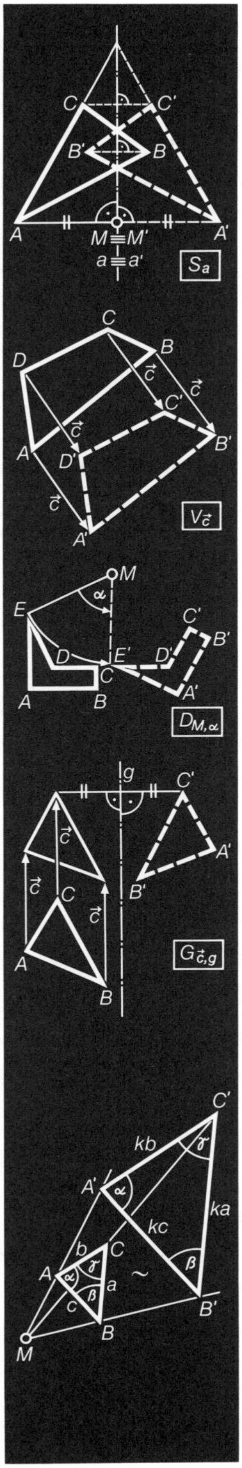

*) siehe auch S. 17 und S. 44/45

Winkel

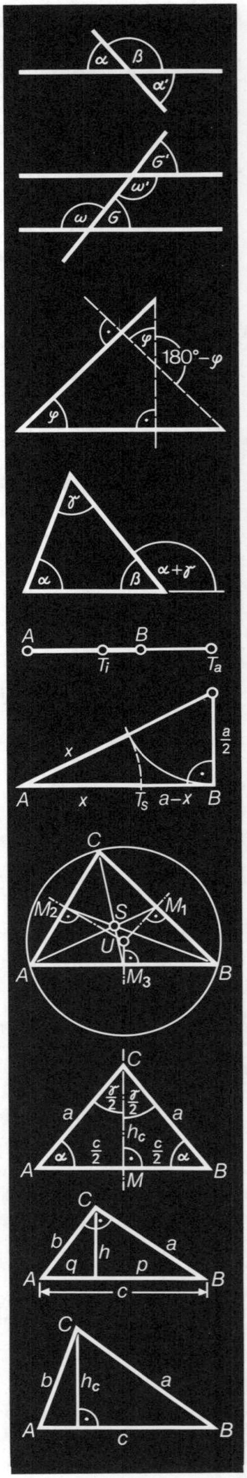

Nebenwinkel betragen zusammen 180°. $\alpha+\beta = 180°$

Scheitelwinkel sind gleich groß. $\alpha = \alpha'$

Stufenwinkel an geschnittenen Parallelen sind gleich groß. $\sigma = \sigma'$

Wechselwinkel an geschnittenen Parallelen sind gleich groß. $\omega = \omega'$

Winkel, deren Schenkel paarweise aufeinander senkrecht stehen, sind entweder gleich groß oder ergänzen einander zu 180°.

Außenwinkel Im Dreieck ist ein Außenwinkel gleich der Summe der beiden nichtanliegenden Innenwinkel.

Winkelsummen Im Dreieck ist die Summe der Innenwinkel 180°.
Im Viereck ist die Summe der Innenwinkel 360°.
Im n-Eck ist die Summe der Innenwinkel $(n-2)\cdot 180°$.

Thales-Satz Jeder Winkel im Halbkreis ist ein rechter (*Kurzform*).

Teilung einer Strecke

Teilverhältnis λ mit $\overrightarrow{AT} = \lambda\,\overrightarrow{TB}$
Innerer Teilpunkt T_i: $\lambda_i > 0$
Äußerer Teilpunkt T_a: $\lambda_a < 0$

Harmonische Teilung (Vier harmonische Punkte) A, B, T_i, T_a mit $|\lambda_i| = |\lambda_a|$

Stetige Teilung (Goldener Schnitt) $a : x = x : (a-x)$; $x = \frac{a}{2}(\sqrt{5}-1)$

Dreieck Seiten a, b, c; Winkel α, β, γ; Höhe h; Flächeninhalt A

Besondere Punkte im Dreieck

Umkreismittelpunkt Im Dreieck schneiden sich die drei *Mittelsenkrechten* in *einem* Punkt, dem Umkreismittelpunkt.

Inkreismittelpunkt Im Dreieck schneiden sich die drei *Winkelhalbierenden* in *einem* Punkt, dem Inkreismittelpunkt.

Höhenschnittpunkt Im Dreieck schneiden sich die drei *Höhen* in *einem* Punkt, dem Höhenschnittpunkt.

Schwerpunkt Im Dreieck schneiden sich die drei *Seitenhalbierenden* (Schwerlinien) in *einem* Punkt, dem Schwerpunkt.
Der Schwerpunkt teilt jede Seitenhalbierende vom Eckpunkt des Dreiecks aus im Verhältnis 2 : 1.

Gleichschenkliges Dreieck (*eine* Achse)

$a = b,\ \alpha = \beta$ $h_c = \sqrt{a^2-\left(\frac{c}{2}\right)^2}$ $A = \frac{1}{2}c\,h_c$

Gleichseitiges Dreieck (*drei* Achsen)

$\alpha = \beta = \gamma = 60°$ $h = \frac{a}{2}\sqrt{3}$; $r = \frac{a}{3}\sqrt{3}$; $\varrho = \frac{a}{6}\sqrt{3}$; $A = \frac{a^2}{4}\sqrt{3}$

(Umkreisradius r, Inkreisradius ϱ)

Rechtwinkliges Dreieck

Satz des Pythagoras: $c^2 = a^2+b^2$

Kathetensatz: $a^2 = c\,p$; $b^2 = c\,q$

Höhensatz: $h^2 = p\,q$

$A = \frac{1}{2}c\,h = \frac{1}{2}c\sqrt{p\,q}$
$= \frac{1}{2}a\,b$

Beliebiges Dreieck $A = \frac{1}{2}a\,h_a = \frac{1}{2}b\,h_b = \frac{1}{2}c\,h_c$

Kongruenzsätze

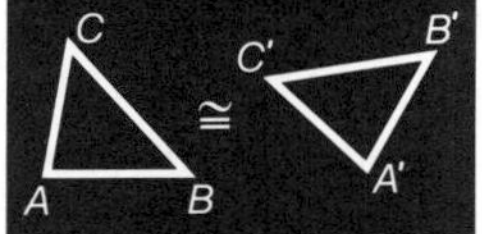

Dreiecke sind kongruent (deckungsgleich), wenn sie übereinstimmen in

1. drei Seiten, *oder* — ***sss***
2. zwei Seiten und dem von diesen Seiten eingeschlossenen Winkel, *oder* — ***sws***
3. zwei Seiten und dem Gegenwinkel der längeren Seite, *oder* — ***Ssw***
4. einer Seite und den beiden anliegenden Winkeln (einer Seite und zwei gleichliegenden Winkeln). — ***wsw (wws)***

Ähnlichkeitssätze

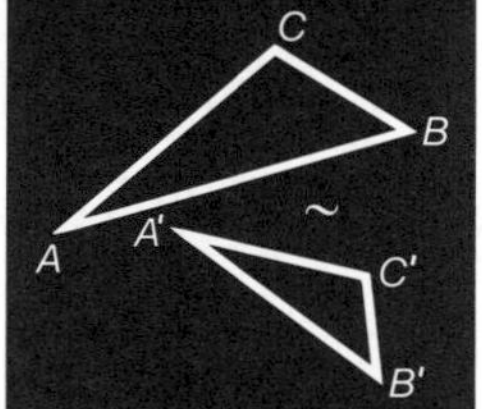

Zwei Dreiecke sind ähnlich, wenn

1. drei Paare entsprechender Seiten dasselbe Verhältnis haben, *oder*
2. zwei Paare entsprechender Seiten dasselbe Verhältnis haben und die von diesen Seiten eingeschlossenen Winkel übereinstimmen, *oder*
3. zwei Paare entsprechender Seiten dasselbe Verhältnis haben und die Gegenwinkel der längeren Seiten übereinstimmen, *oder*
4. zwei Winkel übereinstimmen.

(Verhältnisse der Paare entsprechender Seiten sind $a' : a,\ b' : b,\ c' : c$)

Strahlensätze, Proportionen

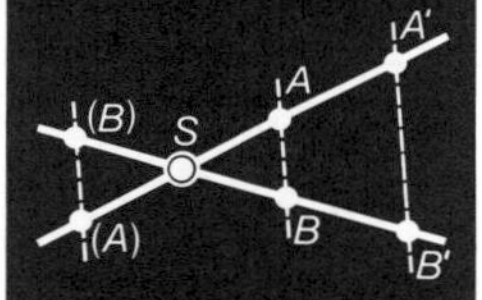

Strahlensätze Wenn $AB \parallel A'B'$, dann gilt:

1. $|SA| : |SA'| = |SB| : |SB'|$; $\quad |SA| : |AA'| = |SB| : |BB'|$
2. $|AB| : |A'B'| = |SA| : |SA'|$ $\quad$ (Kehrsatz von 1. ist richtig, von 2. nicht)

Vierte Proportionale
(zu a, b, c) $\quad a : b = c : x \quad \frac{a}{b} = \frac{c}{x} \quad x = \frac{bc}{a}$

Dritte Proportionale
(zu a, b) $\quad a : b = b : x \quad \frac{a}{b} = \frac{b}{x} \quad x = \frac{b^2}{a}$

Mittl. Proportionale
(zu a, b) $\quad a : x = x : b \quad \frac{a}{x} = \frac{x}{b} \quad x = \sqrt{ab}$
($\sqrt{ab}$ heißt auch geom. Mittel von a, b)

Viereck Diagonalen e, f, auch d; Umfang U; Flächeninhalt A

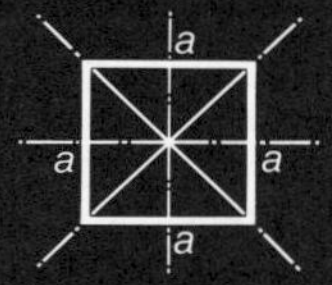

Quadrat (4 Achsen; Diagonalen senkrecht aufeinander und gleich lang)
$d = a\sqrt{2} \qquad U = 4a \qquad A = a^2$

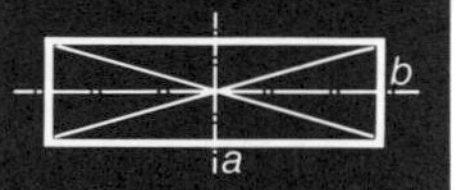

Rechteck (2 Achsen; Diagonalen gleich lang)
$d = \sqrt{a^2 + b^2} \qquad U = 2(a+b) \qquad A = ab$

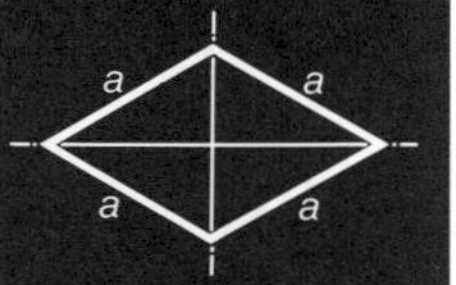

Raute (2 Achsen, Diagonalen senkrecht aufeinander)
$e^2 + f^2 = 4a^2 \qquad U = 4a \qquad A = \frac{1}{2}ef$

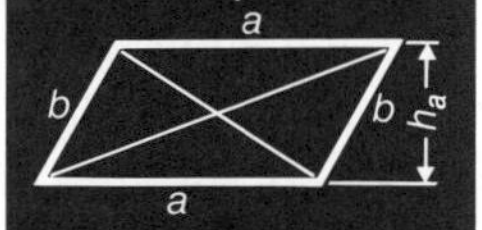

Parallelogramm (punktsymmetrisch; Diagonalen halbieren sich gegenseitig)
$U = 2(a+b) \qquad A = a\,h_a = b\,h_b$

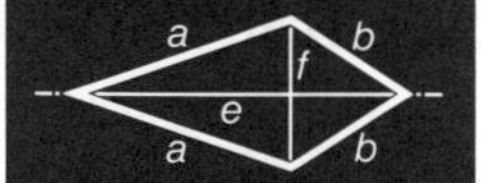

Drachen (1 Achse; Diagonalen senkrecht aufeinander)
$U = 2(a+b) \qquad A = \frac{1}{2}ef$

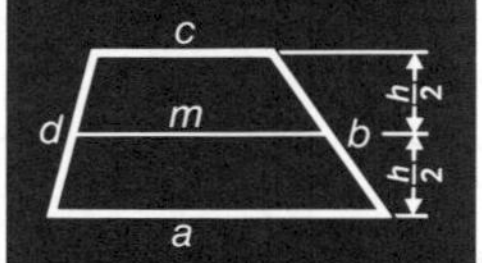

Trapez (1 Schrägachse; Seiten a, b, c, d; $a \parallel c$ heißen Grundseiten)
$m = \frac{1}{2}(a+c) \qquad U = a+b+c+d \qquad A = mh$

Geometrie am Kreis

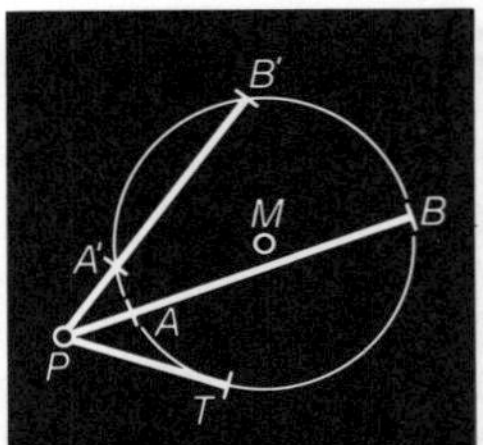

Sekanten-Tangentensatz $|PA| \cdot |PB| = |PA'| \cdot |PB'| = |PT|^2$

Sehnen-Halbsehnensatz $|PA| \cdot |PB| = |PA'| \cdot |PB'| = |PS|^2$

Randwinkel (Umfangs-, Peripheriewinkel) über gleich langen Bogen sind gleich groß; sie sind halb so groß wie ihr zugehöriger Mittelpunktswinkel.
Der Spezialfall für $\sphericalangle\, AMB = 180°$ liefert $\gamma = 90°$ (Satz des THALES, s. S. 10).

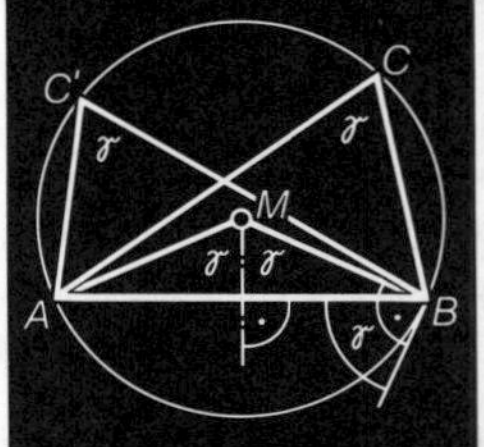

Sehnen-Tangentenwinkel
sind gleich groß wie Randwinkel auf der anderen Seite der Sehne.

Im **Sehnenviereck** ist die Summe zweier Gegenwinkel 180°. $\alpha + \gamma = \beta + \delta = 180°$

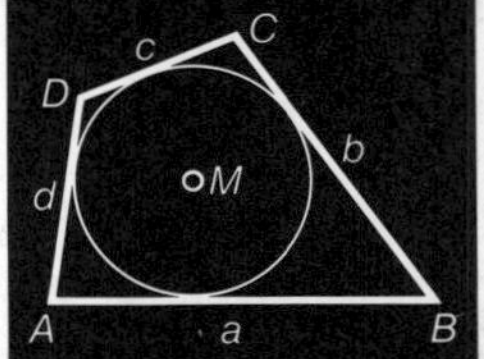

Im **Tangentenviereck** ist die Summe zweier Gegenseiten gleich der Summe der beiden anderen. $a + c = b + d$

Regelmäßige Vielecke (*n*-Ecke) Umkreisradius *r*; Inkreisradius ϱ_n

n	Seitenlänge s_n	Umfang U_n (gerundet)	Flächeninhalt A_n
5	$\frac{r}{2}\sqrt{10-2\sqrt{5}}$	$2\,r \cdot 2{,}93893$	$\frac{5}{8}\,r^2\sqrt{10+2\sqrt{5}} \approx 2{,}3776\,r^2$
10	$\frac{r}{2}(\sqrt{5}-1)$	$2\,r \cdot 3{,}09017$	$\frac{5}{4}\,r^2\sqrt{10-2\sqrt{5}} \approx 2{,}9389\,r^2$
12	$r\sqrt{2-\sqrt{3}}$	$2\,r \cdot 3{,}10583$	$3\,r^2$
$2\,n$	$s_{2n} = \sqrt{2\,r^2 - r\sqrt{4\,r^2 - s_n^2}}$	$U_{2n} = 2\,n \cdot s_{2n}$	$A_{2n} = n \cdot \varrho_{2n} \cdot s_{2n}$

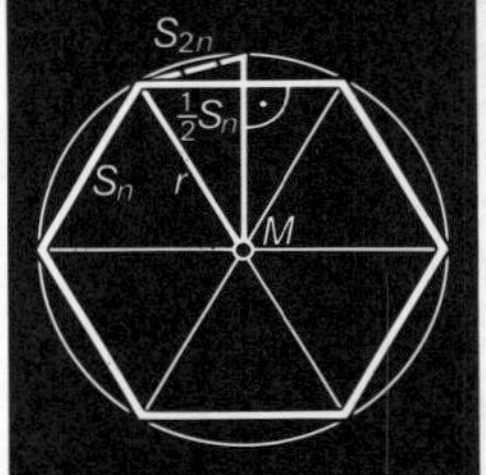

Kreis, Kreisteile

Kreisumfang $U = 2\pi r = \pi d$

-fläche (inhalt) $A = \pi r^2 = \frac{\pi}{4} d^2$

-bogen ($\widehat{AB}$) $b = 2\pi r \cdot \frac{\alpha}{360°} = r \cdot \frac{\pi\alpha}{180°} = r\,x$

-ausschnitt (Sektor) $A = \pi r^2 \cdot \frac{\alpha}{360°} = \frac{b\,r}{2} = \frac{r^2}{2}\,x$

-abschnitt (Segment) $A = \frac{r^2}{2}\left(\frac{\pi\alpha}{180°} - \sin\alpha\right) = \frac{r^2}{2}(x - \sin x)$

α in Grad einsetzen!
$x = \frac{\pi\alpha}{180°}$ ist der in Radiant gemessene Winkel;
statt x schreibt man auch: arc α oder $\widehat{\alpha}$

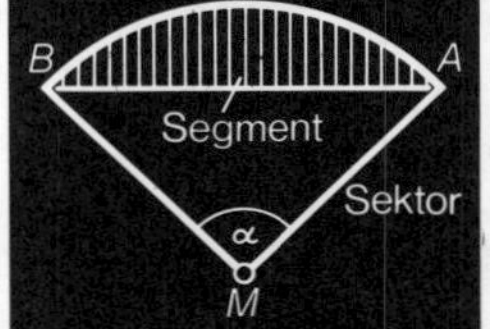

Ellipse Flächeninhalt *A*, Umfang *U*

Eigenschaft: Ortslinie für Punkte *P* mit $|F_1P| + |F_2P| =$ konstant $= 2a$

$A = \pi a b$; $U \geqq \pi(a+b)$; $U \approx \pi \cdot \left[\frac{3}{2}(a+b) - \sqrt{ab}\right]$ für $\frac{b}{a} > \frac{1}{5}$

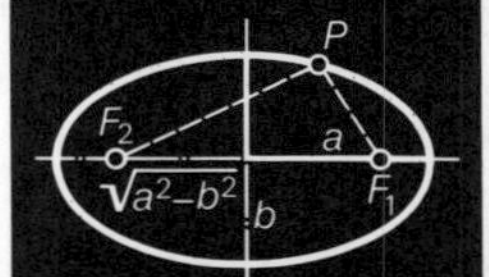

Geometrie im Raum — Körperberechnung

d: räumliche Diagonale
h: räumliche Höhe
r: Radius
s: Mantellinie
G: Grundfläche
M: Mantelfläche
O: Oberfläche
V: Volumen

Einfache Körper

Würfel $V = a^3$; $d = a\sqrt{3}$ $O = 6\,a^2$

Quader $V = a\,b\,c$; $d = \sqrt{a^2 + b^2 + c^2}$ $O = 2\,(a\,b + a\,c + b\,c)$

Prisma $V = G\,h$ $O = 2\,G + M$

Pyramidenstumpf $V = \frac{h}{3}(G_1 + \sqrt{G_1 G_2} + G_2)$ (auch für allgemeinen Kegelstumpf gültig)

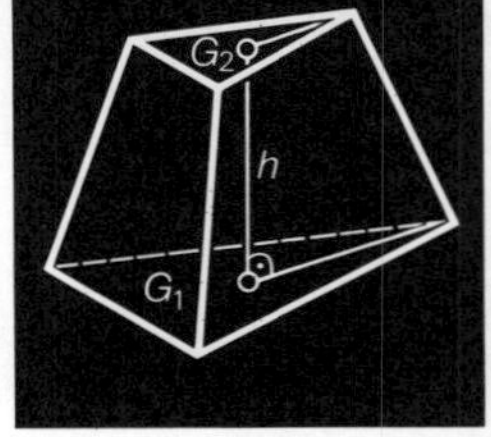

Regelmäßige Körper   Kantenlänge a; Umkugelradius r; Inkugelradius ϱ

Tetraeder (4-Flächner)	$V=\frac{a^3}{12}\sqrt{2}$ $r=\frac{a}{4}\sqrt{6}$; $h=\frac{a}{3}\sqrt{6}$	$O=a^2\sqrt{3}$ $\varrho=\frac{a}{12}\sqrt{6}$
Hexaeder (6-Flächner) oder **Würfel**	$V=a^3$ $r=\frac{a}{2}\sqrt{3}$	$O=6a^2$ $\varrho=\frac{a}{2}$
Oktaeder (8-Flächner)	$V=\frac{a^3}{3}\sqrt{2}$ $r=\frac{a}{2}\sqrt{2}$	$O=2a^2\sqrt{3}$ $\varrho=\frac{a}{6}\sqrt{6}$
Dodekaeder (12-Flächner)	$V=\frac{a^3}{4}(15+7\sqrt{5})$ $r=\frac{a}{4}\sqrt{3}(1+\sqrt{5})$	$O=3a^2\sqrt{5(5+2\sqrt{5})}$ $\varrho=\frac{a}{4}\sqrt{10+\frac{22}{5}\sqrt{5}}$
Ikosaeder (20-Flächner)	$V=\frac{5a^3}{12}(3+\sqrt{5})$ $r=\frac{a}{4}\sqrt{2(5+\sqrt{5})}$	$O=5a^2\sqrt{3}$ $\varrho=\frac{a}{12}\sqrt{3}(3+\sqrt{5})$

Zylinder, Kegel

Zylinder Senkrechter Kreiszylinder	$V=G\cdot h$ $V=\pi r^2 h$	$M=2\pi r h$ $O=2\pi r(r+h)$
Kegel	$V=\frac{1}{3}G h$	
Senkr. Kreiskegel	$V=\frac{\pi}{3}r^2 h$	$M=\pi r s$ $O=\pi r(r+s)$
Kegelstumpf vom senkr. Kreiskegel	$V=\frac{\pi\bar{h}}{3}(r_1^2+r_1 r_2+r_2^2)$	$M=\pi\bar{s}(r_1+r_2)$

Kugel, Kugelteile

Kugel	$V=\frac{4}{3}\pi r^3$	$O=4\pi r^2$
-abschnitt (-kappe, -segment)	$V=\frac{\pi}{3}h^2(3r-h)$ $=\frac{\pi h}{6}(3r_1^2+h^2)$	$M=2\pi r h=\pi(r_1^2+h^2)$
-ausschnitt (-sektor)	$V=\frac{2\pi}{3}r^2 h$	$M=2\pi r\left(h+\frac{1}{2}\sqrt{h(2r-h)}\right)$
-schicht (-zone)	$V=\frac{\pi h}{6}(3r_1^2+3r_2^2+h^2)$	$M=2\pi r h$

Ellipsoid, Drehkörper

Ellipsoid	$V=\frac{4}{3}\pi a b c$ (a, b, c Halbachsen)	Drehellipsoid $V=\frac{4}{3}\pi a b^2$ (Drehachse ist Achse mit Länge $2a$)
Drehparaboloid	$V=\frac{1}{2}\pi r^2 h=\pi p h^2$	(p Parameter der Achsenschnittparabel)
Torus (Ring)	$V=2\pi^2 r^2 R$	$O=4\pi^2 r R$
Drehkörper, Drehflächen *Guldinsche Regel*	Volumen = erzeugende Fläche mal Weg des Flächenschwerpunktes Mantel = Länge der erzeugenden Linie mal Weg des Schwerpunktes dieser Linie	

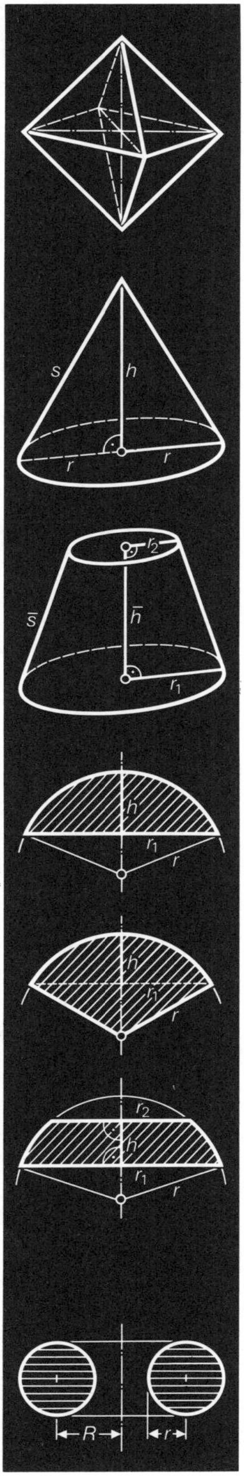

Trigonometrie

Kreisfunktionen (Winkelfunktionen, trigonometrische Funktionen)

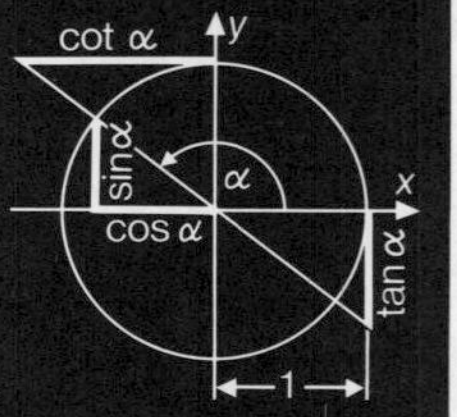

Definition der Kreisfunktionen (Winkelfunktionen)

Für *spitze* Winkel (im rechtwinkligen Dreieck):

$\sin\alpha = \frac{\text{Gegenkathete}}{\text{Hypotenuse}}$ | $\cos\alpha = \frac{\text{Ankathete}}{\text{Hypotenuse}}$

$\tan\alpha = \frac{\text{Gegenkathete}}{\text{Ankathete}}$ | $\cot\alpha = \frac{\text{Ankathete}}{\text{Gegenkathete}}$

Für *beliebige* Winkel (Spezialfall $r = 1$, Einheitskreis):

$\sin\alpha = \frac{y}{r}$ | $\cos\alpha = \frac{x}{r}$

$\tan\alpha = \frac{y}{x}$ | $\cot\alpha = \frac{x}{y}$

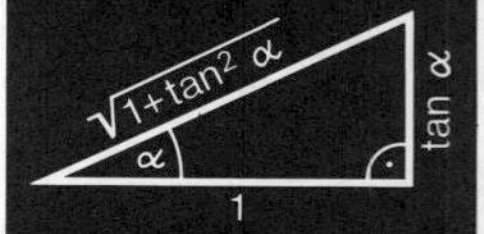

Beziehungen zwischen den Kreisfunktionen

$\cos^2\alpha + \sin^2\alpha = 1$

$\sin\alpha = \frac{\tan\alpha}{\pm\sqrt{1+\tan^2\alpha}}$

$\sin\alpha = \cos(90° - \alpha)$

$\tan\alpha = \frac{\sin\alpha}{\cos\alpha}$

$\cos\alpha = \frac{1}{\pm\sqrt{1+\tan^2\alpha}}$

$\cos\alpha = \sin(90° - \alpha)$

$\cot\alpha = \frac{1}{\tan\alpha}$

$\tan\alpha = \frac{\sin\alpha}{\pm\sqrt{1-\sin^2\alpha}}$

$\tan\alpha = \cot(90° - \alpha)$

Das Vorzeichen der Wurzeln hängt vom Quadranten ab!

Besondere Werte; Grenzwerte

	0 0°	$\frac{\pi}{6}$ 30°	$\frac{\pi}{4}$ 45°	$\frac{\pi}{3}$ 60°	$\frac{\pi}{2}$ 90°
sin	0	$\frac{1}{2}$	$\frac{1}{2}\sqrt{2}$	$\frac{1}{2}\sqrt{3}$	1
cos	1	$\frac{1}{2}\sqrt{3}$	$\frac{1}{2}\sqrt{2}$	$\frac{1}{2}$	0
tan	0	$\frac{\sqrt{3}}{3}$	1	$\sqrt{3}$	—
cot	—	$\sqrt{3}$	1	$\frac{\sqrt{3}}{3}$	0

Beispiel: $\sin\frac{\pi}{6} = \sin 30° = 0{,}5$

Umwandlungen

	$90° \pm \alpha$	$180° \pm \alpha$	$270° \pm \alpha$	$360° - \alpha$ $(-\alpha)$
sin	$\cos\alpha$	$\mp\sin\alpha$	$-\cos\alpha$	$-\sin\alpha$
cos	$\mp\sin\alpha$	$-\cos\alpha$	$\pm\sin\alpha$	$\cos\alpha$
tan	$\mp\cot\alpha$	$\pm\tan\alpha$	$\mp\cot\alpha$	$-\tan\alpha$
cot	$\mp\tan\alpha$	$\pm\cot\alpha$	$\mp\tan\alpha$	$-\cot\alpha$

Beispiel: $\cos(90° + \alpha) = -\sin\alpha$

sin: $+|+$ / $-|-$

cos: $-|+$ / $-|+$

tan, cot: $-|+$ / $+|-$

Umformungen

$\sin(\alpha \pm \beta) = \sin\alpha\cdot\cos\beta \pm \cos\alpha\cdot\sin\beta$

$\cos(\alpha \pm \beta) = \cos\alpha\cdot\cos\beta \mp \sin\alpha\cdot\sin\beta$

$\tan(\alpha \pm \beta) = \frac{\tan\alpha \pm \tan\beta}{1 \mp \tan\alpha\cdot\tan\beta}$

$\cot(\alpha \pm \beta) = \frac{\cot\alpha\cdot\cot\beta \mp 1}{\cot\beta \pm \cot\alpha}$

$\sin\alpha + \sin\beta = 2\sin\frac{\alpha+\beta}{2}\cos\frac{\alpha-\beta}{2}$

$\sin\alpha - \sin\beta = 2\cos\frac{\alpha+\beta}{2}\sin\frac{\alpha-\beta}{2}$

$\cos\alpha + \cos\beta = 2\cos\frac{\alpha+\beta}{2}\cos\frac{\alpha-\beta}{2}$

$\cos\alpha - \cos\beta = -2\sin\frac{\alpha+\beta}{2}\sin\frac{\alpha-\beta}{2}$

$\alpha \pm \beta$

$\sin 2\alpha = 2\sin\alpha\cdot\cos\alpha$; $\cos 2\alpha = \cos^2\alpha - \sin^2\alpha = 2\cos^2\alpha - 1 = 1 - 2\sin^2\alpha$

$\tan 2\alpha = \frac{2\tan\alpha}{1-\tan^2\alpha}$; $\cot 2\alpha = \frac{\cot^2\alpha - 1}{2\cot\alpha}$;

2α

$\sin 3\alpha = 3\sin\alpha - 4\sin^3\alpha$; $\cos 3\alpha = 4\cos^3\alpha - 3\cos\alpha$;

3α

$\sin\frac{\alpha}{2} = \pm\sqrt{\frac{1-\cos\alpha}{2}}$; $\cos\frac{\alpha}{2} = \pm\sqrt{\frac{1+\cos\alpha}{2}}$; $\tan\frac{\alpha}{2} = \frac{\sin\alpha}{1+\cos\alpha}$;

$\frac{\alpha}{2}$

$\sin 4\alpha = 4\sin\alpha\cdot\cos\alpha - 8\sin^3\alpha\cdot\cos\alpha$; $\cos 4\alpha = 8\cos^4\alpha - 8\cos^2\alpha + 1$;

$\sin n\alpha = \binom{n}{1}\cos^{n-1}\alpha\cdot\sin\alpha - \binom{n}{3}\cos^{n-3}\alpha\cdot\sin^3\alpha + \binom{n}{5}\cos^{n-5}\alpha\cdot\sin^5\alpha - + \cdots$;

$\cos n\alpha = \cos^n\alpha - \binom{n}{2}\cos^{n-2}\alpha\cdot\sin^2\alpha + \binom{n}{4}\cos^{n-4}\alpha\cdot\sin^4\alpha - + \cdots$;

$n\cdot\alpha$

$a\cdot\sin x + b\cdot\cos x = \sqrt{a^2+b^2}\cdot\sin(x+\varphi)$ mit $\cos\varphi = \frac{a}{\sqrt{a^2+b^2}}$ und $\sin\varphi = \frac{b}{\sqrt{a^2+b^2}}$

Grad, Radiant; Näherungen für sin x, tan x

$360° = 2\pi$ (rad)

$\alpha : 180° = x : \pi$

$\alpha = \frac{x}{\pi} \cdot 180°$

$x = \frac{\alpha}{180°} \cdot \pi$

Der Winkel x eines Winkelfeldes ist die abgeleitete Größe

$x = \frac{\text{Länge eines zum Winkelfeld gehörenden Kreisbogens}}{\text{Länge des zu diesem Bogen gehörenden Radius}}$ mit der

Einheit **1 Radiant (rad)**. Es gilt:

$1\ \text{rad} = 1\ \frac{\text{m}}{\text{m}} = 1$; $1\ \text{rad} = \frac{180°}{\pi} = 57{,}29578°$; $1° = \frac{\pi}{180}$ rad

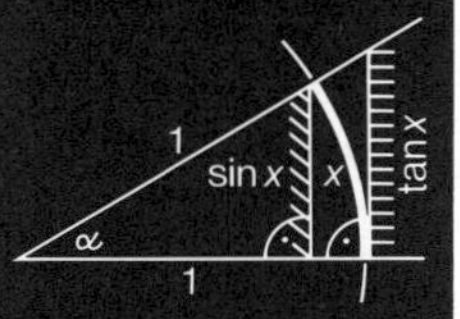

Näherungen

$\sin x \approx x$, Fehler $< 0{,}1\ \%$ für $|x| < 0{,}077$

$\tan x \approx x$, Fehler $< 0{,}1\ \%$ für $|x| < 0{,}054$

$\sin x < x < \tan x$ für $0 < x < \frac{\pi}{2}$

Statt x ist auch arc α oder $\widehat{\alpha}$ üblich.

Ebenes Dreieck

Sinussatz: $\frac{a}{\sin\alpha} = \frac{b}{\sin\beta} = \frac{c}{\sin\gamma} = 2r$ $\quad r$: Umkreisradius

Kosinussatz: $a^2 = b^2 + c^2 - 2bc\cos\alpha$

ϱ: Inkreisradius

Tangenssatz: $\frac{a+b}{a-b} = \frac{\tan\frac{1}{2}(\alpha+\beta)}{\tan\frac{1}{2}(\alpha-\beta)}$

$s = \frac{a+b+c}{2}$

Halbwinkelsatz: $\tan\frac{\alpha}{2} = \sqrt{\frac{(s-b)(s-c)}{s(s-a)}} = \frac{\varrho}{s-a}$

(und entsprechende Formeln mit zyklischer Vertauschung)

Flächeninhalt: $A = \frac{1}{2}ab\sin\gamma = 2r^2\sin\alpha \cdot \sin\beta \cdot \sin\gamma$

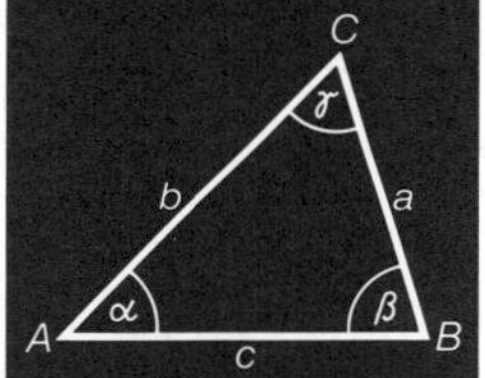

Kugeldreieck

Rechtwinkliges Kugeldreieck ($\gamma = 90°$)

$\sin\alpha = \frac{\sin a}{\sin c}$; $\quad \cos\alpha = \frac{\tan b}{\tan c} = \cos a \cdot \sin\beta$; $\quad \tan\alpha = \frac{\tan a}{\sin b}$

(und entsprechende Formeln mit Vertauschung von a mit b und α mit β)

$\cos c = \cos a \cdot \cos b$; $\quad \cos c = \cot\alpha \cdot \cot\beta$

NEPERsche Regel

cos eines Stückes = { Produkt der *cot* der benachbarten Stücke,
Produkt der *sin* der nicht benachbarten Stücke,

wobei a durch $(90° - a)$ und b durch $(90° - b)$ ersetzt und $\sphericalangle\, \gamma = 90°$ nicht beachtet wird.

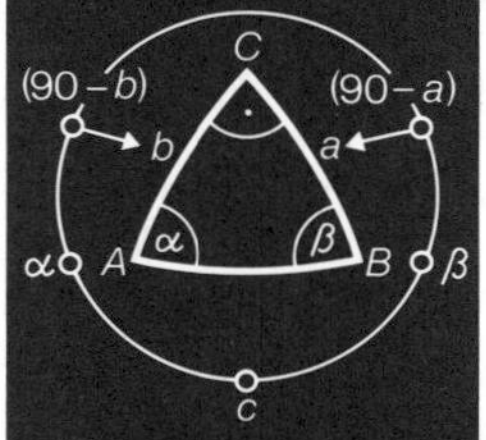

Schiefwinkliges Kugeldreieck (EULERsches Dreieck)

Flächeninhalt: $A = \frac{\pi r^2 \varepsilon}{180°}$ $\quad \varepsilon = \alpha + \beta + \gamma - 180°$, sphärischer Exzeß

Sinussatz: $\frac{\sin a}{\sin\alpha} = \frac{\sin b}{\sin\beta} = \frac{\sin c}{\sin\gamma}$

Seitenkosinussatz: $\cos a = \cos b\cos c + \sin b\sin c\cos\alpha$

Winkelkosinussatz: $\cos\alpha = -\cos\beta\cos\gamma + \sin\beta\sin\gamma\cos a$

(und entsprechende Formeln mit zyklischer Vertauschung)

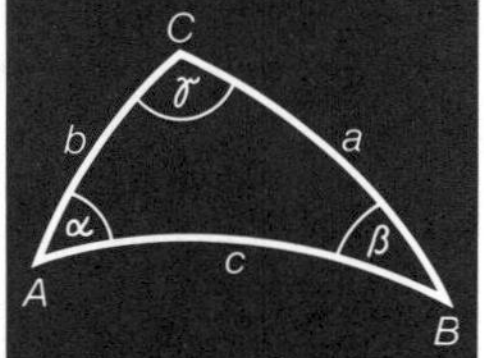

Arkusfunktionen (Umkehrfunktionen der Kreisfunktionen)

$\sin y = x$	mit	$-\frac{\pi}{2} \leqq y \leqq \frac{\pi}{2}$	$\Leftrightarrow$	$y = \arcsin x$	(Hauptwert)
$\cos y = x$	mit	$0 \leqq y \leqq \pi$	$\Leftrightarrow$	$y = \arccos x$	(Hauptwert)
$\tan y = x$	mit	$-\frac{\pi}{2} < y < \frac{\pi}{2}$	$\Leftrightarrow$	$y = \arctan x$	(Hauptwert)
$\cot y = x$	mit	$0 < y < \pi$	$\Leftrightarrow$	$y = \operatorname{arccot} x$	(Hauptwert)

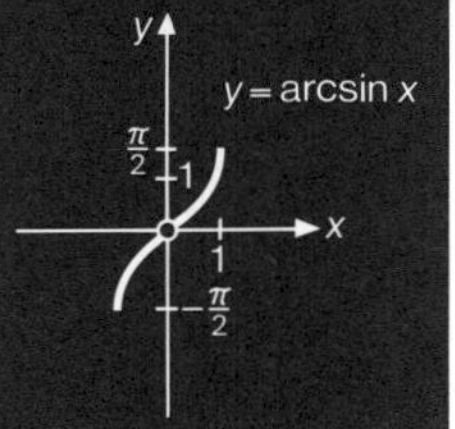

Analytische Geometrie in der Ebene (vektoriell s. S. 41)

Grundgebilde

Strecke

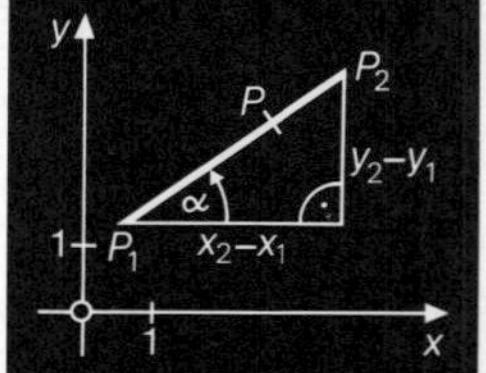

Steigung: (Richtungsfaktor, Anstieg) $m = \tan \alpha = \frac{y_2 - y_1}{x_2 - x_1}$

Entfernung: $|P_1 P_2| = \sqrt{(x_2 - x_1)^2 + (y_2 - y_1)^2}$

Teilpunkt P: $\frac{|P_1 P|}{|P P_2|} = \lambda$; $x_p = \frac{x_1 + \lambda x_2}{1 + \lambda}$; $y_p = \frac{y_1 + \lambda y_2}{1 + \lambda}$

Mitte M der Strecke $\overline{P_1 P_2}$: $x_M = \frac{x_1 + x_2}{2}$; $y_M = \frac{y_1 + y_2}{2}$

Gerade

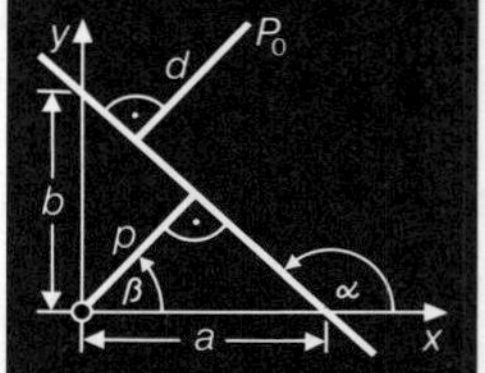

Zwei-Punkte-Form: $y - y_1 = \frac{y_2 - y_1}{x_2 - x_1}(x - x_1)$

Punkt-Steigungs-Form: $y - y_1 = m(x - x_1)$; $y = m(x - a)$

Hauptform: $y = mx + b$

Achsenabschnitts-Form: $\frac{x}{a} + \frac{y}{b} = 1$

Allgemeine Gleichung: $L(x, y) \equiv Ax + By + C = 0$

HESSEsche Normalform: $l(x, y) \equiv x \cos \beta + y \sin \beta - p = 0$

$l(x, y) \equiv \frac{Ax + By + C}{\pm\sqrt{A^2 + B^2}} = 0$ $\begin{cases} + \text{ für } C < 0 \\ - \text{ für } C > 0 \end{cases}$

Abstand des Punktes $P_0 (x_0 | y_0)$ von der Geraden $L(x, y) = 0$: $d = l(x_0, y_0) = \frac{Ax_0 + By_0 + C}{\pm\sqrt{A^2 + B^2}}$

2 Geraden

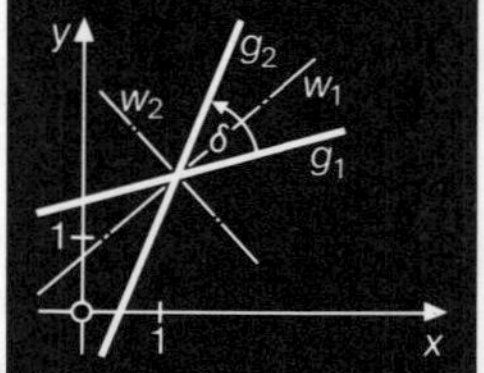

Schnittwinkel δ: $\tan \delta = \frac{m_2 - m_1}{1 + m_1 m_2}$; $g_1 \perp g_2 : m_2 = -\frac{1}{m_1}$

Winkelhalbierende: $w_1(x, y) \equiv l_1 - l_2 = 0$; $w_2(x, y) \equiv l_1 + l_2 = 0$

Geradenbüschel: $L(x, y) \equiv L_1(x, y) + k L_2(x, y) = 0 \wedge L_2(x, y) = 0$ (mit $-\infty < k < \infty$)

Dreieck $P_1 P_2 P_3$

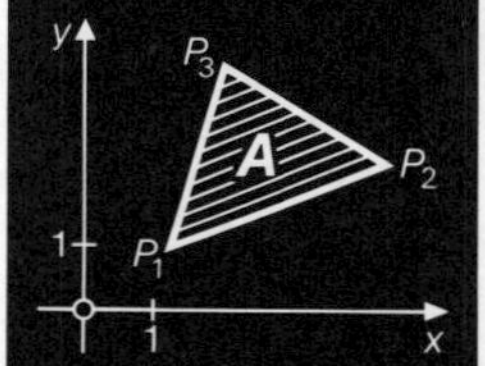

Flächeninhalt:

$A = \frac{1}{2}(x_1 y_2 - x_2 y_1)$, wenn P_3 der Ursprung ist (*Sonderfall*)

$$A = \frac{1}{2} \cdot \begin{vmatrix} x_1 & y_1 & 1 \\ x_2 & y_2 & 1 \\ x_3 & y_3 & 1 \end{vmatrix} = \frac{1}{2}[x_1(y_2 - y_3) + x_2(y_3 - y_1) + x_3(y_1 - y_2)]$$

Schwerpunkt S: $x_S = \frac{1}{3}(x_1 + x_2 + x_3)$; $y_S = \frac{1}{3}(y_1 + y_2 + y_3)$

Kreis

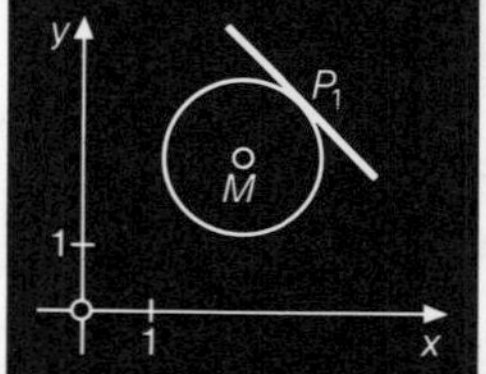

$M(0|0)$

Kreisgleichung: $x^2 + y^2 = r^2$ r: Radius

Tangente in P_1 (Polare): $x x_1 + y y_1 = r^2$

Tangentenbedingung: $y = mx + c$ ist genau dann Tangente, wenn $c^2 = m^2 r^2 + r^2$

$M(x_0|y_0)$

Kreisgleichung: $(x - x_0)^2 + (y - y_0)^2 = r^2$

Tangente in P_1 (Polare): $(x - x_0)(x_1 - x_0) + (y - y_0)(y_1 - y_0) = r^2$

Tangentenbedingung: $Ax + By + C = 0$ ist genau dann Tangente, wenn $(A^2 + B^2) r^2 - (Ax_0 + By_0 + C)^2 = 0$

Transformationen des Koordinaten-Systems (geom. Gebilde fest)

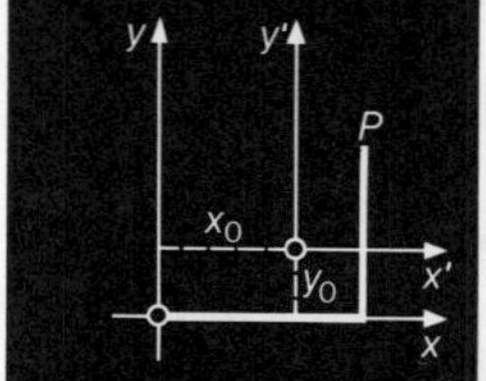

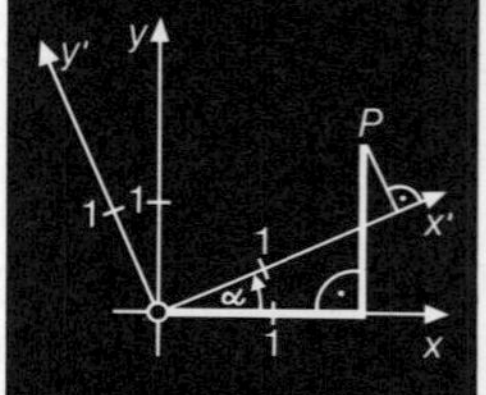

Parallelverschiebung

$\begin{cases} x' = x - x_0 \\ y' = y - y_0 \end{cases}$ $\begin{cases} x = x' + x_0 \\ y = y' + y_0 \end{cases}$

Drehung um Ursprung

$\begin{cases} x' = x \cos \alpha + y \sin \alpha \\ y' = -x \sin \alpha + y \cos \alpha \end{cases}$ $\begin{cases} x = x' \cos \alpha - y' \sin \alpha \\ y = x' \sin \alpha + y' \cos \alpha \end{cases}$

Affine Abbildungen in Koordinatenschreibweise (mit Matrizen s. S. 44/45)

$P(x|y) \longmapsto \overline{P}(\overline{x}|\overline{y})$
(Original) (Bild)

Zeichen für „wird abgebildet auf": $\mapsto$; Abbildung: α; Umkehrabbildung: α^{-1}
Original-(Ur-)Punkt $P(x|y) \mapsto \overline{P}(\overline{x}|\overline{y})$; $\overline{P}(\overline{x}|\overline{y})$ heißt Bildpunkt.

Affinität

Allgemeine affine Abbildung (Affinität)

$$\alpha: \begin{cases} \overline{x} = a_1 x + b_1 y + c_1 \\ \overline{y} = a_2 x + b_2 y + c_2 \end{cases} \qquad \alpha^{-1}: \begin{cases} x = \frac{1}{D}(b_2 \overline{x} - b_1 \overline{y} + b_1 c_2 - b_2 c_1) \\ y = \frac{1}{D}(-a_2 \overline{x} + a_1 \overline{y} - a_1 c_2 + a_2 c_1) \end{cases}$$

$D = a_1 b_2 - a_2 b_1 \neq 0$ $\quad D^{-1} = 1 : D$ $\quad$ (*Affinität*, wenn $D \neq 0$)

Sätze:
1) Bild $\overline{g}$ von Gerade g ist eine Gerade (Geradentreue Abbildung)
2) Aus $g \parallel h$ folgt $\overline{g} \parallel \overline{h}$ (Parallelentreue Abbildung)
3) $|\overline{P}_1\overline{P}_2| : |\overline{P}_2\overline{P}_3| = |P_1P_2| : |P_2P_3|$ (Teilverhältnistreue Abbildung)
4) $\overline{A} = |D| \cdot A$ (Bildfläche $\overline{A}$, Originalfläche A; flächenverhältnistreue Abbildung)
$D > 0$ gleichsinnige Abbildung, $D < 0$ gegensinnige Abbildung

Spezielle Affinitäten

1. Die Achsenaffinitäten — Genau 1 Fixpunktgerade (Affinitätsachse) $f \equiv \overline{f}$

a) Affinitätsachse: x-($\overline{x}$-)Achse | y-($\overline{y}$-)Achse

Senkr. Affinität:

$$\alpha: \begin{cases} \overline{x} = x \\ \overline{y} = k y \end{cases} \quad \alpha^{-1}: \begin{cases} x = \overline{x} \\ y = \frac{1}{k}\overline{y} \end{cases} \qquad \Big| \qquad \alpha: \begin{cases} \overline{x} = t x \\ \overline{y} = y \end{cases} \quad \alpha^{-1}: \begin{cases} x = \frac{1}{t}\overline{x} \\ y = \overline{y} \end{cases}$$

Schiefe Affinität:

$$\alpha: \begin{cases} \overline{x} = x + p y \\ \overline{y} = q y \end{cases} \quad \alpha^{-1}: \begin{cases} x = \overline{x} - \frac{p}{q}\overline{y} \\ y = \frac{1}{q}\overline{y} \end{cases} \qquad \Big| \qquad \alpha: \begin{cases} \overline{x} = r x \\ \overline{y} = s x + y \end{cases} \quad \alpha^{-1}: \begin{cases} x = \frac{1}{r}\overline{x} \\ y = \overline{y} - \frac{s}{r}\overline{x} \end{cases}$$

Scherung: genau dann, wenn $q = 1$ | genau dann, wenn $r = 1$
Schrägspiegelung: genau dann, wenn $q = -1$ | genau dann, wenn $r = -1$

b) Affinitätsachse: $Ax + By + C = 0$ $\quad (A\overline{x} + B\overline{y} + C = 0)$; $\tan \varphi = -\frac{A}{B}$

$$\alpha: \begin{cases} \overline{x} = x + \lambda\,(Ax + By + C) \\ \overline{y} = y + \mu\,(Ax + By + C) \end{cases} \qquad \alpha^{-1}: \begin{cases} x = \overline{x} + \overline{\lambda}\,(A\overline{x} + B\overline{y} + C) \text{ mit } \overline{\lambda} = -\frac{\lambda}{D} \\ y = \overline{y} + \overline{\mu}\,(A\overline{x} + B\overline{y} + C) \text{ mit } \overline{\mu} = \frac{\mu}{D} \end{cases}$$

Determinante: $D = \lambda A + \mu B + 1 \neq 0$

Fixgeraden: Parallelenschar mit Steigung $m = \tan \psi = \frac{\mu}{\lambda}$

Sonderfälle:
Senkr. Affinität: genau dann, wenn $\frac{\mu}{\lambda} = \frac{B}{A}$
Scherung: genau dann, wenn $\lambda A + \mu B = 0$ $\quad (D = 1)$
Schrägspiegelung: genau dann, wenn $\lambda A + \mu B + 2 = 0$ $\quad (D = -1)$

1 Fixpunkt

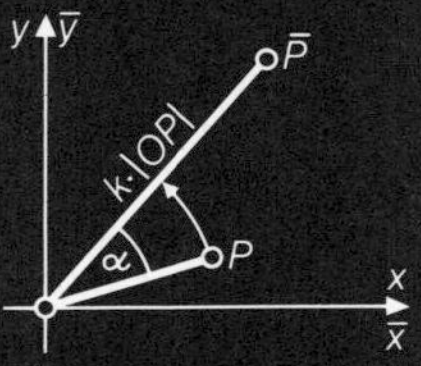

2. Affinitäten mit genau 1 Fixpunkt

a) *Drehstreckung* Zentrum $Z\,(0|0)$: $\quad |Z\overline{P}| = |k| \cdot |ZP|$; $|\overline{P}\overline{Q}| = |k| \cdot |PQ|$

$$\alpha: \begin{cases} \overline{x} = k\,[x \cos\alpha - y \sin\alpha] \\ \overline{y} = k\,[x \sin\alpha + y \cos\alpha] \end{cases} \qquad \alpha^{-1}: \begin{cases} x = \frac{1}{k}[\ \ \overline{x}\cos\alpha + \overline{y}\sin\alpha] \\ y = \frac{1}{k}[-\overline{x}\sin\alpha + \overline{y}\cos\alpha] \end{cases}$$

Für Zentrum $Z\,(a|b)$ sind $x, y, \overline{x}, \overline{y}$ durch $x-a$, $y-b$, $\overline{x}-a$, $\overline{y}-b$ zu ersetzen.

Sonderfälle der Drehstreckung: Drehung für $k = 1$; *Streckung* für $\varphi = 0$;
Punktspiegelung für $\varphi = 0 \wedge k = -1$

b) *Euleraffinität* (2 Fixgeraden)
Euleraffinitäten sind Verkettungen (Hintereinanderausführungen) von zwei schiefen Affinitäten α, β für die gilt:

Die Fixgeraden von $\begin{cases}\alpha\\ \beta\end{cases}$ sind parallel zur Fixpunktgeraden von $\begin{cases}\beta\\ \alpha\end{cases}$; es ist $\alpha \circ \beta = \beta \circ \alpha$.

Sind die Affinitätsfaktoren von α, β gleich, so ist $\beta \circ \alpha = \alpha \circ \beta$ eine *zentrische Streckung*.

$\circ$

3. Verkettung *(Hintereinanderausführung) von Abbildungen* (Zeichen $\circ$)

$$\alpha_2: \begin{cases} \overline{\overline{x}} = f_2(\overline{x}, \overline{y}) \\ \overline{\overline{y}} = g_2(\overline{x}, \overline{y}) \end{cases}; \quad \alpha_1: \begin{cases} \overline{x} = f_1(x, y) \\ \overline{y} = g_1(x, y) \end{cases}; \quad \alpha_2 \circ \alpha_1 \ (\alpha_2 \text{ nach } \alpha_1): \begin{cases} \overline{\overline{x}} = f_2(f_1(x, y), g_1(x, y)) \\ \overline{\overline{y}} = g_2(f_1(x, y), g_1(x, y)) \end{cases}$$

Kegelschnitte

I. Achsen auf den Koordinatenachsen

Normallage:	**Ellipse** mit ***M* (0|0)**	**Hyperbel** mit ***M* (0|0)**
Mittelpunktsgleichung	$\frac{x^2}{a^2} + \frac{y^2}{b^2} = 1$	$\frac{x^2}{a^2} - \frac{y^2}{b^2} = 1$
Tangente in P_1 (Polare)	$\frac{x x_1}{a^2} + \frac{y y_1}{b^2} = 1$	$\frac{x x_1}{a^2} - \frac{y y_1}{b^2} = 1$
Asymptoten	–	$y = \pm \frac{b}{a} x$
Tangentenbedingung (für $y = m x + c$)	$c^2 = a^2 m^2 + b^2$	$c^2 = a^2 m^2 - b^2$
Konjugierte Richtungen	$m_1 \cdot m_2 = -\frac{b^2}{a^2}$	$m_1 \cdot m_2 = \frac{b^2}{a^2}$
Brennstrahlen	$\lvert F_1 P_1 \rvert = a - \varepsilon x_1$ $\lvert F_2 P_1 \rvert = a + \varepsilon x_1$	$\lvert F_1 P_1 \rvert = \varepsilon x_1 - a$ $\lvert F_2 P_1 \rvert = \varepsilon x_1 + a$
Leitgeraden	$x = \pm \frac{a^2}{e}$ $\left(\frac{a^2}{e} > a\right)$	$x = \pm \frac{a^2}{e}$ $\left(\frac{a^2}{e} < a\right)$
Scheitelkrümmungshalbmesser	$r_a = \frac{b^2}{a}$; $r_b = \frac{a^2}{b}$	$r = \frac{b^2}{a} = p$
Parameter	$p = \frac{b^2}{a}$ $(a \geqq b)$	$p = \frac{b^2}{a}$
Lineare Exzentrizität	$e = \sqrt{a^2 - b^2}$ $(a \geqq b)$	$e = \sqrt{a^2 + b^2}$
Numerische Exzentrizität	$\varepsilon = \frac{e}{a} < 1$ $(a \geqq b)$	$\varepsilon = \frac{e}{a} > 1$
Fläche	$A = \pi a b$	–
Scheitelgleichung (Brennpunkte auf x-Achse)	$y^2 = 2 p x - \frac{p}{a} x^2$ (auf „linken" Scheitel bezogen)	$y^2 = 2 p x + \frac{p}{a} x^2$ (auf „rechten" Scheitel bezogen)

Normallage:	**Parabel** mit ***S* (0|0)**	$p > 0$
Scheitelgleichungen	$y^2 = 2 p x$; $F\left(\frac{p}{2} \middle\vert 0\right)$ $x^2 = 2 p y$; $F\left(0 \middle\vert \frac{p}{2}\right)$	$y^2 = -2 p x$; $F\left(-\frac{p}{2} \middle\vert 0\right)$ $x^2 = -2 p y$; $F\left(0 \middle\vert -\frac{p}{2}\right)$
	Für $y^2 = 2 p x$ mit x-Achse als Symmetrieachse gilt:	
Tangente in P_1 (Polare)	$y y_1 = p (x + x_1)$	
Tangentenbedingung	$p = 2 c \cdot m$ (für Gerade $y = m x + c$)	
Konjugierte Elemente	*Sehnen* mit Steigung m konjugiert zu Durchmesser $y = \frac{p}{m}$	
Abstände	Brennpunkt-Leitgerade: p Brennpunkt-Scheiteltangente: $\lvert SF \rvert = \frac{p}{2}$	
Scheitelkrümmungshalbmesser	$r = p$	
Parabel-Abschnitt	Fläche $A = \frac{2}{3} s h$	

II. Gleichung $a_{11} x^2 + 2 a_{12} x y + a_{22} y^2 + 2 a_{13} x + 2 a_{23} y + a_{33} = 0$

$a_{12}^2 - a_{11} a_{22}$
- < 0: Ellipse (reell, imaginär, imaginäre Geraden)
- $= 0$: Parabel (parallele Geraden, reell, imaginär)
- > 0: Hyperbel (Geradenpaar)

Der Kegelschnitt zerfällt nicht, wenn:

$(a_{11} a_{22} - a_{12}^2) a_{33} + 2 a_{12} a_{13} a_{23} - a_{11} a_{23}^2 - a_{22} a_{13}^2 \neq 0$

Richtungswinkel α einer der Hauptachsen: $\tan 2\alpha = \frac{2 a_{12}}{a_{11} - a_{22}}$

$a_{11} = a_{22} \wedge a_{12} \neq 0 \Rightarrow \alpha = \pm 45°$

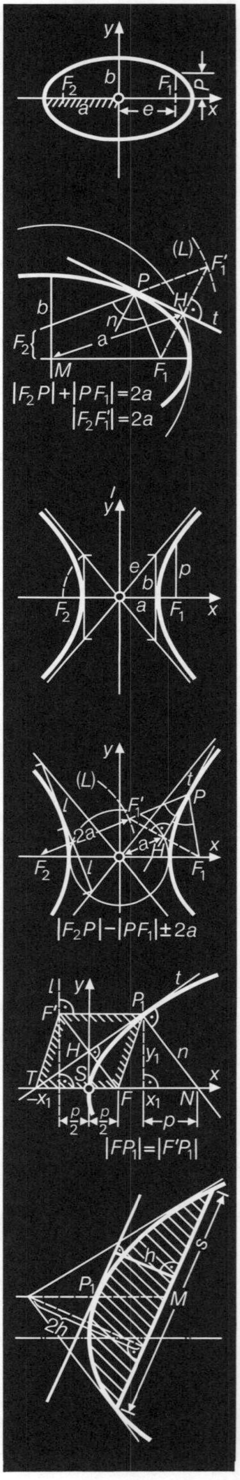

Analysis, Differentialrechnung, Integralrechnung

Unendliche Zahlenfolgen ($a_n \in \mathbb{R}$, $n \in \mathbb{N}^*$)

(a_n)

Definition Eine *unendliche Zahlenfolge* ist eine Abbildung von $\mathbb{N}^*$ *auf* eine Menge M. Das Bild von $n \in \mathbb{N}^*$ wird mit a_n bezeichnet.

Symbole $a_1, a_2, a_3, \ldots a_n, \ldots;\quad (a_n) \quad n \in \mathbb{N}^*$

beschränkt Die Folge (a_n) ist *beschränkt*, wenn für alle n gilt: $|a_n| \leqq K$

monoton Die Folge (a_n) ist *monoton steigend* (*monoton fallend*), wenn für alle n gilt:
$a_n \leqq a_{n+1} \quad (a_n \geqq a_{n+1})$;
gilt sogar: $a_n < a_{n+1} \quad (a_n > a_{n+1})$, so ist sie *streng monoton steigend* (bzw. *streng monoton fallend*).

Nullfolgen (a_n) ist eine *Nullfolge*, wenn $|a_n|$ beliebig klein werden kann für hinreichend großes n, *oder* (andere Fassung)
wenn man zu jeder noch so kleinen positiven Zahl ε ein n_0 angeben kann, so daß $|a_n| < \varepsilon$ für alle $n > n_0$ ist.

Folgen mit Grenzwert *A* (Konvergente Folgen)

konvergent

$\lim\limits_{n \to \infty} a_n$

(a_n) konvergiert gegen A, wenn die Folge $(a_n - A)$ eine Nullfolge ist.
Sprechweise: Der Grenzwert der Folge (a_n) ist A.
Schreibweise: $\lim\limits_{n \to \infty} a_n = A$ (Spezialfall $A = 0$: Nullfolge)

Sätze

1. Wenn $\lim\limits_{n \to \infty} a_n = A$ und $\lim\limits_{n \to \infty} b_n = B$, dann gilt:
   a) $\lim\limits_{n \to \infty} (a_n \pm b_n) = A \pm B$ b) $\lim\limits_{n \to \infty} (a_n \cdot b_n) = A \cdot B$
2. Sind, von Anfangsgliedern abgesehen, alle $b_n \neq 0$ und ist $B \neq 0$, dann gilt: $\lim\limits_{n \to \infty} (a_n : b_n) = A : B$.
3. Jede konvergente Folge ist beschränkt.
   Anmerkung: Nicht jede beschränkte Folge ist konvergent. So ist z. B. die beschränkte Folge $-1, +1, -1, +1, \ldots$ nicht konvergent.
4. Jede beschränkte und monotone Folge ist konvergent.

divergent

divergent Eine nicht konvergente Folge heißt *divergente* Folge. (Folge ohne Grenzwert)

sup a_n Das *Supremum* der nach oben beschränkten Folge (a_n) ist die kleinste obere Schranke (also die obere Grenze) der Menge $\{a_n\}$

inf a_n Das *Infimum* der nach unten beschränkten Folge (a_n) ist die größte untere Schranke (also die untere Grenze) der Menge $\{a_n\}$.

Intervalle

Definitionen

$[a, b]$	$= \{x \mid a \leqq x \leqq b\}$	$[a, b[$	$= \{x \mid a \leqq x < b\}$
$]a, b]$	$= \{x \mid a < x \leqq b\}$	$]a, b[$	$= \{x \mid a < x < b\}$
$[a, \infty[$	$= \{x \mid a \leqq x\}$	$]a, \infty[$	$= \{x \mid a < x\}$
$]-\infty, a]$	$= \{x \mid x \leqq a\}$	$]-\infty, a[$	$= \{x \mid x < a\}$

Die letzten vier Definitionen werden zu Sonderfällen der drei vorhergehenden, wenn man die Schreibfiguren ∞, $-\infty$ als neue „*uneigentliche Zahlen*" zu $\mathbb{R}$ hinzufügt und festsetzt: $-\infty < a$; $a < \infty$ für alle $a \in \mathbb{R}$

$[a, b]$

Intervalle sind spezielle Mengen reeller Zahlen (Punktmengen auf der Zahlengeraden).
Die Zahlen a, b heißen Randpunkte.
$[a, b]$ abgeschlossenes Intervall; $]a, b[$ offenes Intervall
$[a, b[$, $]a, b]$ halboffene Intervalle

Umgebung eines Punktes *a*
Unter der ε-Umgebung eines Punktes a versteht man die Zahlenmenge
$U_\varepsilon(a) = \{x \mid |a - x| < \varepsilon\}$ mit $a, x \in \mathbb{R}$ und $\varepsilon \in \mathbb{R}_+^*$.

Funktion (vergleiche auch S. 37)

Funktion Eine Funktion f auf $D \subset \mathbb{R}$ ist eine *Zuordnung:*
Jedem $x \in D$ ist genau ein $f(x) \in W$ zugeordnet. D heißt *Definitionsmenge.*
$W = \{f(x) \mid x \in D\} = f(D)$ heißt *Bildmenge (Wertebereich).*
Schreibweise: $f: x \mapsto f(x), \quad x \in D, \quad f(x) \in W$

monoton Die Funktion $x \mapsto f(x)$ ist *monoton steigend* (*fallend*), wenn für alle $x_1, x_2 \in D$ mit $x_1 < x_2$ gilt: $f(x_1) \leqq f(x_2)$ $\big(f(x_1) \geqq f(x_2)\big)$
streng monoton: $f(x_1) < f(x_2)$ $\big(f(x_1) > f(x_2)\big)$

Verkettung $f \circ g$

$f: \quad x \mapsto f(x) \quad$ mit $x \in D_f$ und $f(x) \in W_f$
$g: \quad x \mapsto g(x) \quad$ mit $x \in D_g$ und $g(x) \in W_g \subset D_f$
$(f \circ g): x \mapsto f(g(x))$ mit $x \in D_g$ und $g(x) \in D_f$

Umkehrfunktion Wenn jedem $y \in W_f$ (Wertebereich von f) eindeutig ein $x \in D_f$ (Definitionsbereich von f) zugeordnet ist, dann ist f^{-1}: $y \mapsto f^{-1}(y)$ die *Umkehrfunktion* von f: $x \mapsto f(x)$. Statt f^{-1} wird auch $\bar{f}$ geschrieben.
Hat f eine Umkehrfunktion, so ist f: $x \mapsto f(x)$ *eineindeutig.*
Der Graph von $y = f^{-1}(x)$ (beachte die Vertauschung der Variablen!) ist das Spiegelbild des Graphen von $y = f(x)$ bezüglich der 1. Mediane ($y = x$).

Satz Jede auf einem Intervall streng monotone Funktion besitzt eine Umkehrfunktion.

Lineare Approximation Eine Funktion f auf $J = [a, b]$ heißt an der Stelle $x_0 \in J$ linear approximierbar durch die Funktion $x \mapsto f(x_0) + m(x - x_0)$, wenn es eine positive Zahl K gibt, so daß für alle $x \in J$ gilt:
$|f(x) - f(x_0) - m(x - x_0)| < K \cdot (x - x_0)^2 \qquad (m \in \mathbb{R};\ K > 0)$

$x \mapsto f(x)$

$f \circ g$

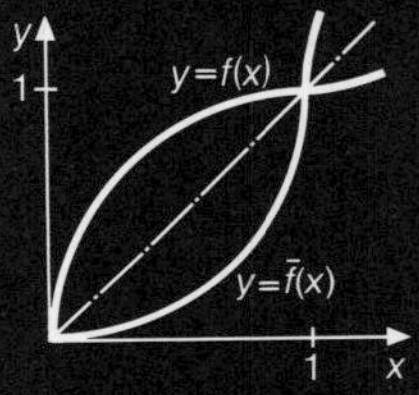

Grenzwert, Stetigkeit

Grenzwert f: $x \mapsto f(x)$ hat an der Stelle a, die nicht zum Definitionsbereich gehören muß, den *Grenzwert A,* wenn für jede gegen a konvergierende Folge (x_n) mit $x_n \neq a$ die Folge der $f(x_n)$ gegen A konvergiert.
Schreibweise: $\lim\limits_{x \to a} f(x) = A$

Rechtsseitiger (linksseitiger) Grenzwert

f: $x \mapsto f(x)$ hat an der Stelle a den rechtsseitigen (linksseitigen) Grenzwert R (L), wenn für jede gegen a konvergierende Folge (x_n) mit $x_n \geqq x_{n+1} > a$ $\quad (x_n \leqq x_{n+1} < a)$ die Folge der $f(x_n)$ gegen R (L) konvergiert.
Schreibweise: $\lim\limits_{x \to a+0} f(x) = R; \qquad (\lim\limits_{x \to a-0} f(x) = L).$

$\lim\limits_{x \to a} f(x)$

Stetigkeit an einer Stelle

1. Fassung: f: $x \mapsto f(x)$ ist an der Stelle $a \in D$ stetig, wenn $\lim\limits_{x \to a} f(x) = f(a)$ ist.

2. Fassung: f: $x \mapsto f(x)$ ist an der Stelle $a \in D$ stetig, wenn es zu jeder Umgebung U_ε von $f(a)$ eine Umgebung U_δ von a gibt, so daß $f(U_\delta) \subset U_\varepsilon$ ist.

stetig

Stetigkeit auf einem Intervall

Eine Funktion ist auf einem Intervall stetig, wenn sie an jeder Stelle dieses Intervalls stetig ist.

Sätze über stetige Funktionen

Ist die Funktion f stetig auf $[a, b] = J$,
- und haben $f(a)$, $f(b)$ verschiedene Vorzeichen, dann gibt es mindestens ein $x_0 \in J$ mit $f(x_0) = 0$ (Satz von Bolzano).
- dann nimmt $f(x)$ alle Werte zwischen $f(a)$ und $f(b)$ an (Zwischenwertsatz).
- dann ist $f(x)$ auf J beschränkt (Satz von der Beschränktheit).
- dann gibt es mindestens eine Stelle $z_1 \in J$ ($z_2 \in J$), an der $f(x)$ ein Maximum (Minimum) annimmt (Satz von Weierstraß).

Ableitung

Ableitung an einer Stelle *a*

1. Fassung: $f\colon x \mapsto f(x)$ hat an der Stelle a die (erste) *Ableitung* $f'(a)$, wenn folgender Grenzwert existiert: $\lim\limits_{x \to a} \dfrac{f(x)-f(a)}{x-a} = f'(a)$

2. Fassung: Die bei $a \in D_f$ stetige Funktion $f\colon x \mapsto f(x)$ ist bei a genau dann ableitbar, wenn es eine bei a stetige Funktion f_1 gibt, so daß für alle $x \in D_f$ gilt:
$f(x) = f(a) + (x-a)\, f_1(x)$
$f'(a) = f_1(a)$ ist die (erste) Ableitung von f an der Stelle a.

Ableitung auf einem Intervall

Eine auf einem Intervall J definierte Funktion $f\colon x \mapsto f(x)$, $x \in J$ heißt auf diesem Intervall ableitbar (differenzierbar), wenn sie für jedes $x \in J$ ableitbar ist. Die Funktion $f'\colon x \mapsto f'(x)$, $x \in J$ heißt die *Ableitung* von f auf J.
Andere Schreibweise für f': $\dfrac{df}{dx}$

Höhere Ableitungen

Zweite Ableitung: $f'' = (f')'$; andere Schreibweise für f'': $\dfrac{d^2f}{dx^2}$

n-te Ableitung: $f^{(n)} = (f^{(n-1)})'$, $n \in \mathbb{N}^*$ mit $f^{(0)} = f$; $f^{(n)} = \dfrac{d^nf}{dx^n}$

Ableitungsregeln

Linearität $(f \pm g)' = f' \pm g'$; $(c\,f)' = c\,f'$ $(c = \text{konst.})$

Produkt $(f\,g)' = f'\,g + f\,g'$

Quotient $\left(\dfrac{f}{g}\right)' = \dfrac{f'\,g - f\,g'}{g^2}$ $(g \neq 0)$

Verkettung Für $v\colon u \mapsto v(u)$, $u\colon x \mapsto u(x)$ und $(v \circ u)\colon x \mapsto v(u(x))$ gilt:
$(v \circ u)' = v'(u) \cdot u'(x)$ oder in anderer Schreibweise: $\dfrac{dv}{dx} = \dfrac{dv}{du} \cdot \dfrac{du}{dx}$

Umkehrfunktion $f\colon x \mapsto f(x)$ habe die Umkehrfunktion $\overline{f}\colon y \mapsto \overline{f}(y) = x$;
wenn $y_0 = f(x_0)$ und $f'(x_0) \neq 0$, gilt: $\overline{f}'(y_0) = \dfrac{1}{f'(x_0)}$

Beispiel: $f\colon x \mapsto f(x) = y = x^2$; $x \in \mathbb{R}_+^*$; $\overline{f}\colon y \mapsto \overline{f}(y) = \sqrt{y}$
$\overline{f}'(y_0) = \dfrac{1}{2x_0} = \dfrac{1}{2\sqrt{y_0}}$ (Ableitung von $\overline{f}$ an der Stelle y_0)

Mittelwertsatz der Differentialrechnung

Wenn $f\colon x \mapsto f(x)$ stetig auf $[a, b]$ und ableitbar auf $]a, b[$, gibt es mindestens eine Stelle c mit $a < c < b$, so daß gilt: $\dfrac{f(b)-f(a)}{b-a} = f'(c)$

Bernoulli-L'Hospitalsche Regel

Sind f und g auf $D_f = D_g$ ableitbar, ist $a \in D_f$, $f(a) = g(a) = 0$, $\lim\limits_{x \to a} f'(x) = A$ und $\lim\limits_{x \to a} g'(x) = B \neq 0$, so gilt:

$$\lim_{x \to a} \frac{f(x)}{g(x)} = \frac{\lim\limits_{x \to a} f'(x)}{\lim\limits_{x \to a} g'(x)} = \frac{A}{B}$$

Tabelle von Ableitungen

$f(x)$	$f'(x)$	$f(x)$	$f'(x)$	$f(x)$	$f'(x)$	$f(x)$	$f'(x)$
c	0	$\sin x$	$\cos x$	e^x	e^x	$\arcsin x$	$\dfrac{1}{\sqrt{1-x^2}}$
x^m	$m \cdot x^{m-1}$	$\cos x$	$-\sin x$	a^x	$a^x \cdot \ln a$	$\arccos x$	$-\dfrac{1}{\sqrt{1-x^2}}$
(für alle $m \in \mathbb{R}$) Spezialfall $m = \dfrac{1}{2}$:		$\tan x$	$\left\{ \begin{array}{l} \dfrac{1}{\cos^2 x} \\ \tan^2 x + 1 \end{array} \right.$	$\ln x$	$\dfrac{1}{x}$	$\arctan x$	$\dfrac{1}{1+x^2}$
$\sqrt{x}$	$\dfrac{1}{2\sqrt{x}}$	$\cot x$	$-\dfrac{1}{\sin^2 x}$	$\log_a x$	$\dfrac{1}{x \cdot \ln a}$	$\operatorname{arccot} x$	$-\dfrac{1}{1+x^2}$

$f'(a)$

$f'(x)$

$f^{(n)}(x)$
$(f+g)'$
$(f \cdot g)'$
$\left(\dfrac{f}{g}\right)'$

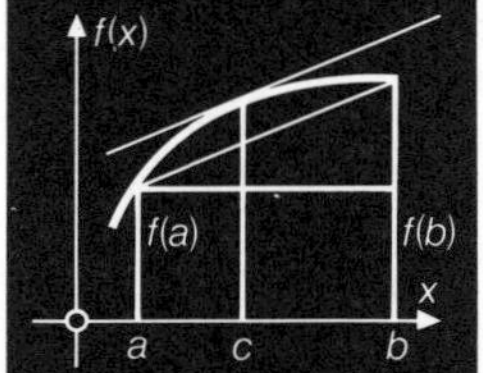

$f'(x)$

Kurvenuntersuchung (Durchlaufen der Kurve im Sinne wachsender x-Werte)

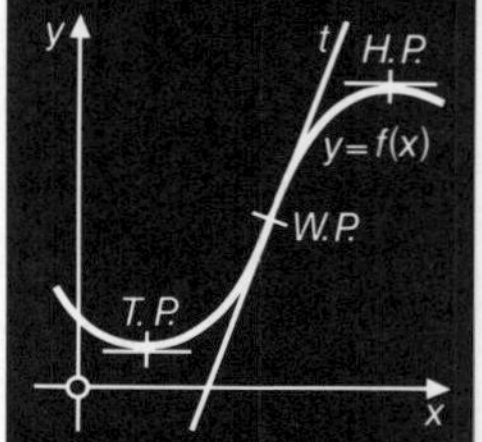

Steigen / **Fallen** $f'(x) \begin{cases} > 0 \text{ in } J \\ < 0 \text{ in } J \end{cases} \Rightarrow$ Kurve (Funktion) $\begin{cases} \textit{steigt} \text{ in } J \\ \textit{fällt} \text{ in } J \end{cases}$

$f'(a) = 0 \Leftrightarrow$ Kurve hat *waagrechte Tangente* in $P(a \mid f(a))$

Hinreichende Bedingungen

Hochpunkt $f'(a) = 0$ und $f''(a) < 0 \Rightarrow P(a \mid f(a))$ ist *Hochpunkt*

$f'(a) = 0$ und $f'(x)$ hat an der Stelle a Vorzeichenwechsel von $+$ nach $-$ $\Rightarrow P(a \mid f(a))$ ist *Hochpunkt* (relatives Maximum der Funktion)

Tiefpunkt $f'(a) = 0$ und $f''(a) > 0 \Rightarrow P(a \mid f(a)$ ist *Tiefpunkt*

$f'(a) = 0$ und $f'(x)$ hat an der Stelle a Vorzeichenwechsel von $-$ nach $+$ $\Rightarrow P(a \mid f(a))$ ist *Tiefpunkt* (relatives Minimum der Funktion)

Wendepunkt $f''(a) = 0$ und $f'''(a) \neq 0 \Rightarrow P(a \mid f(a))$ ist *Wendepunkt*

$f''(a) = 0$ und $f''(x)$ hat an der Stelle a einen Vorzeichenwechsel $\Rightarrow P(a \mid f(a))$ ist *Wendepunkt*

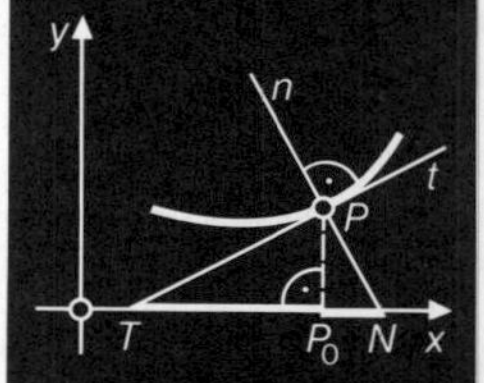

Subtangente und Subnormale in $P(a \mid f(a))$

Länge $|P_0T|$ der *Subtangente* $= \left| \frac{f(a)}{f'(a)} \right|$; Länge $|P_0N|$ der *Subnormale* $= |f(a) \cdot f'(a)|$

Krümmungskreis Radius: $\varrho = \frac{(1+y'^2)^{\frac{3}{2}}}{y''}$ $(y = f(x);\ y'' \neq 0)$

Mittelpunkt $M(x_M \mid y_M)$: $x_M = x - \frac{y'(1+y'^2)}{y''}$; $y_M = y + \frac{1+y'^2}{y''}$

Parameterdarstellung

$\begin{cases} x = \varphi(t) \\ y = \psi(t) \end{cases}$; $\varphi'(t) = \frac{d\varphi}{dt}$; $\psi'(t) = \frac{d\psi}{dt}$; $\frac{dy}{dx} = \frac{\psi'(t)}{\varphi'(t)}$; $\frac{d^2y}{dx^2} = \frac{\varphi'\psi'' - \psi'\varphi''}{(\varphi')^3}$

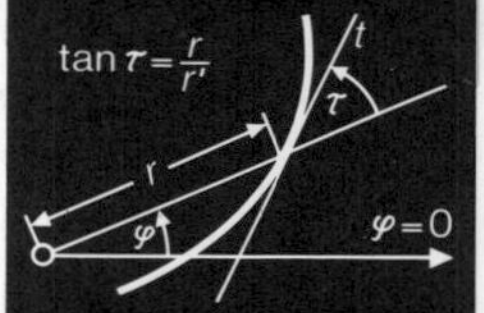

Polarkoordinaten $r = r(\varphi)$; $x = r\cos\varphi$; $y = r\sin\varphi$; $\tan\tau = \frac{r}{r'}$

$r' = \frac{dr}{d\varphi}$; $\frac{dy}{dx} = \frac{r'\sin\varphi + r\cos\varphi}{r'\cos\varphi - r\sin\varphi}$; $\frac{d^2y}{dx^2} = \frac{r^2+2r'^2-r\cdot r''}{(r'\cos\varphi - r\sin\varphi)^3}$

Näherungslösungen von $f(x) = 0$

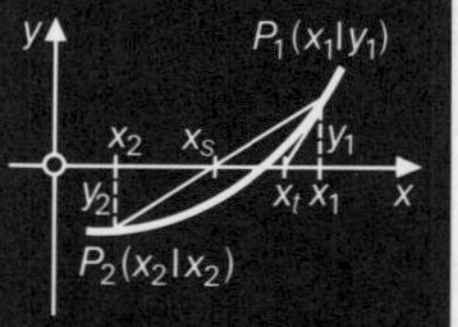

Regula falsi:

$x_s = x_1 - y_1 \frac{x_2 - x_1}{y_2 - y_1}$

$((f(x_1) \cdot f(x_2) < 0)$

Newtonsches Verfahren:

$x_t = x_1 - \frac{f(x_1)}{f'(x_1)}$

$(f'(x_1) \neq 0;\ f(x_1) \cdot f''(x_1) > 0$ und Vorzeichen von $f''(x)$ wechselt nicht)

Iteration nach Newton

$x_{n+1} = x_n - \frac{f(x_n)}{f'(x_n)}$

Wenn $|f(x) \cdot f''(x)| < [f'(x)]^2$ für alle $x \in J = [a, b]$ ist, und $\overline{x} \in J$ mit $f(\overline{x}) = 0$ ist, dann strebt die Folge der x_n gegen die Lösung $\overline{x}$ von $f(x) = 0$.

Allgemeines Iterationsverfahren

Vorarbeit: $f(x) = 0$ wird umgeformt zu $x = g(x)$ (Äquivalenzumformung)

$x_{n+1} = g(x_n)$

Wenn $x_0 \in J = [a; b]$, $g(x)$ stetig differenzierbar auf J, $|g'(x)| < 1$ auf J und die Funktion g das Intervall J in J abbildet, dann konvergiert die Folge der x_n gegen Lösung $\overline{x} \in J$ von $f(x) = 0$.

Stammfunktion

Stammfunktion

$x \mapsto F(x)$ ist eine *Stammfunktion* von $x \mapsto f(x)$, wenn $F'(x) = f(x)$

Unbestimmtes Integral – Menge aller Stammfunktionen von $x \mapsto f(x)$

$$\int f(x)\,dx = F(x) + C \qquad (C \text{ ist Integrationskonstante})$$

$f(x) = F'(x)$	$F(x)$	$f(x) = F'(x)$	$F(x)$
c	$c\,x$	$\sin x$	$-\cos x$
x^n	$\frac{x^{n+1}}{n+1}$ $\quad (n \neq -1)$	$\sin^2 x$	$\frac{1}{2}(x - \sin x \cos x)$
$\frac{1}{x}$	$\ln \lvert x \rvert$ $\quad (x \neq 0)$	$\frac{1}{\sin x}$	$\ln \left\lvert \tan \frac{x}{2} \right\rvert$
e^x	e^x	$\frac{1}{\sin^2 x}$	$-\cot x$
a^x	$\frac{a^x}{\ln a}$ $\quad (a > 0,\ a \neq 1)$	$\frac{1}{1+\sin x}$	$\tan\left(\frac{x}{2} - \frac{\pi}{4}\right)$
$\ln x$	$x \cdot \ln x - x$ $\quad (x > 0)$	$\frac{1}{1-\sin x}$	$-\cot\left(\frac{x}{2} - \frac{\pi}{4}\right)$
$\frac{1}{x-a}$	$\ln \lvert x-a \rvert$	$\cos x$	$\sin x$
$\frac{1}{(x-a)(x-b)}$	$\frac{1}{a-b} \ln \left\lvert \frac{x-a}{x-b} \right\rvert$ $\quad (a \neq b)$	$\cos^2 x$	$\frac{1}{2}(x + \sin x \cos x)$
$\frac{1}{(x-a)^2}$	$-\frac{1}{x-a}$	$\frac{1}{\cos x}$	$\ln \left\lvert \tan\left(\frac{x}{2} + \frac{\pi}{4}\right) \right\rvert$
$\frac{1}{x^2-a^2}$	$\frac{1}{2a} \ln \frac{x-a}{x+a}$ $\quad (\lvert x \rvert > \lvert a \rvert)$	$\frac{1}{\cos^2 x}$	$\tan x$
$\frac{1}{a^2-x^2}$	$\frac{1}{2a} \ln \frac{a+x}{a-x}$ $\quad (\lvert x \rvert < \lvert a \rvert)$	$\frac{1}{1+\cos x}$	$\tan \frac{x}{2}$
$\frac{1}{a^2+x^2}$	$\frac{1}{a} \arctan \frac{x}{a}$	$\frac{1}{1-\cos x}$	$-\cot \frac{x}{2}$
$\sqrt{a\,x+b}$	$\frac{2}{3a} \sqrt{(a\,x+b)^3}$	$\tan x$	$-\ln \lvert \cos x \rvert$
$\frac{1}{\sqrt{a\,x+b}}$	$\frac{2}{a} \sqrt{a\,x+b}$	$\tan^2 x$	$\tan x - x$
$\sqrt{x^2-a^2}$	$\frac{x}{2} \sqrt{x^2-a^2} - \frac{a^2}{2} \ln \lvert x + \sqrt{x^2-a^2} \rvert$	$\cot x$	$\ln \lvert \sin x \rvert$
$\frac{1}{\sqrt{x^2-a^2}}$	$\ln \lvert x + \sqrt{x^2-a^2} \rvert$	$\cot^2 x$	$-\cot x - x$
$\sqrt{a^2-x^2}$	$\frac{x}{2} \sqrt{a^2-x^2} + \frac{a^2}{2} \arcsin \frac{x}{a}$	$\arcsin x$	$x \cdot \arcsin x + \sqrt{1-x^2}$
$\frac{1}{\sqrt{a^2-x^2}}$	$\arcsin \frac{x}{a}$	$\arccos x$	$x \cdot \arccos x - \sqrt{1-x^2}$
$\sqrt{x^2+a^2}$	$\frac{x}{2} \sqrt{x^2+a^2} + \frac{a^2}{2} \ln \left(x + \sqrt{a^2+x^2}\right)$	$\arctan x$	$x \cdot \arctan x - \frac{1}{2} \ln (x^2+1)$
$\frac{1}{\sqrt{x^2+a^2}}$	$\ln \left(x + \sqrt{x^2+a^2}\right)$	$\operatorname{arccot} x$	$x \cdot \operatorname{arccot} x + \frac{1}{2} \ln (x^2+1)$
$e^{ax} \sin bx$	$\frac{e^{ax}}{a^2+b^2} (a \sin bx - b \cos bx)$	$e^{ax} \cos bx$	$\frac{e^{ax}}{a^2+b^2} (a \cos bx + b \sin bx)$

$\int f(x)\,dx$

Bestimmtes Integral $(a, b, c \in D)$

Bereich $\int_a^b f(x)\,dx = -\int_b^a f(x)\,dx; \qquad \int_a^c f(x)\,dx + \int_c^b f(x)\,dx = \int_a^b f(x)\,dx$

Linearität $\int_a^b k \cdot f(x)\,dx = k \int_a^b f(x)\,dx \qquad (k = \text{Konstante})$

$$\int_a^b (f(x) \pm g(x))\,dx = \int_a^b f(x)\,dx \pm \int_a^b g(x)\,dx$$

Produkt-integration $\int_a^b u'\,v\,dx = (u\,v)\Big|_a^b - \int_a^b (u\,v')\,dx \qquad$ *mit* $u = f(x), \quad v = g(x)$

Sub-stitution $\int_a^b f(g(z)) \cdot g'(z)\,dz = \int_{g(a)}^{g(b)} f(x)\,dx; \qquad$ *Sonderfall:* $\int_a^b \frac{f'(x)}{f(x)}\,dx = \ln|f(x)|\Big|_a^b$

mit $x = g(z), \; g'(z) = \frac{dx}{dz}$

Hauptsatz $\int_a^b f(x)\,dx = F(b) - F(a) = F(x)\Big|_a^b \qquad$ mit $F'(x) = f(x)$

Mittelwertsatz (der Integralrechnung)

$\int_a^b f(x)\,dx = (b-a) \cdot f(c) \qquad$ mit $a < c < b$, wenn $f(x)$ stetig auf $[a, b]$

Existenzsätze Für jede auf $[a, b]$ stetige (oder monotone) Funktion $x \mapsto f(x)$ existiert

$$J(x) = \int_c^x f(x)\,dx \text{ mit } J'(x) = f(x) \text{ und } J(c) = 0.$$

$\int_a^b f(x)\,dx$

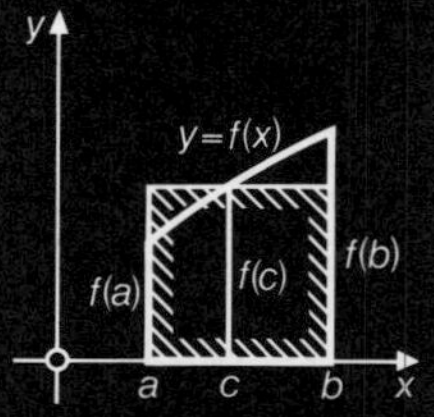

Flächen, Drehkörper, Bogenlänge

Ebene Flächen

zwischen $y = f(x)$ und x-Achse: $(f(x) \geqq 0$ für $x \in [x_1, x_2])$

$$A = \int_{x_1}^{x_2} f(x)\,dx$$

zwischen $x = g(y)$ und y-Achse: $(g(y) \geqq 0$ für $y \in [y_1, y_2])$

$$\bar{A} = \int_{y_1}^{y_2} g(y)\,dy$$

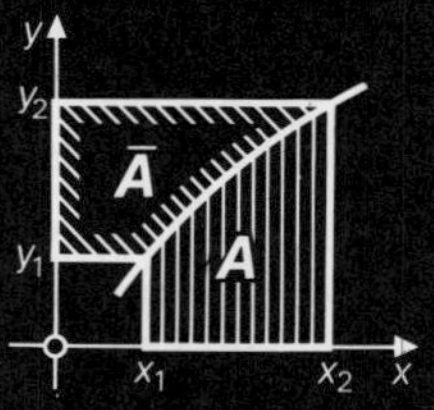

Fläche des Sektors bei Parameterdarstellung (Polarkoordinaten):

$$S = \frac{1}{2}\int_{t_1}^{t_2} (\varphi\,\psi' - \varphi'\,\psi)\,dt = \frac{1}{2}\int_{\varphi_1}^{\varphi_2} r^2\,d\varphi$$

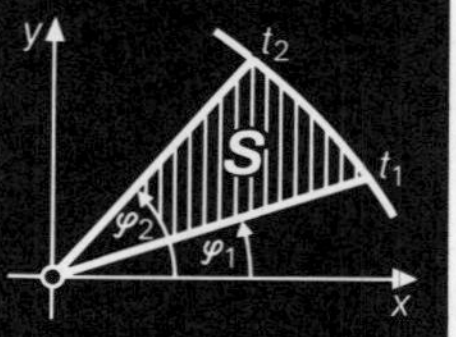

Drehkörper und Drehflächen bei Drehung des Graphen von

	$y = f(x)$ um die x-Achse:	$x = g(y)$ um die y-Achse:
Volumen:	$V = \pi \int_{x_1}^{x_2} y^2\,dx$	$\bar{V} = \pi \int_{y_1}^{y_2} x^2\,dy$
Mantel:	$M = 2\pi \int_{x_1}^{x_2} y\sqrt{1+y'^2}\,dx$	$\bar{M} = 2\pi \int_{y_1}^{y_2} x\sqrt{1+x'^2}\,dy$

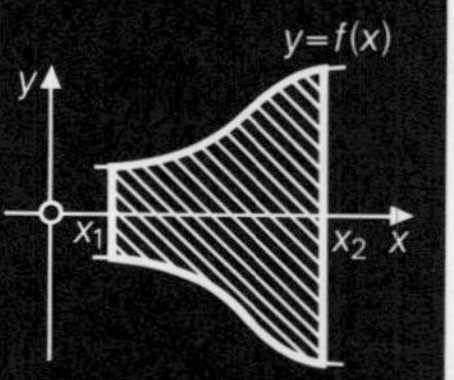

Bogenlänge $l = \int_{x_1}^{x_2} \sqrt{1+y'^2}\,dx = \int_{t_1}^{t_2} \sqrt{\varphi'^2 + \psi'^2}\,dt = \int_{\varphi_1}^{\varphi_2} \sqrt{r^2 + r'^2}\,d\varphi$

(Kurvengleichung: $y = f(x)$ bzw. $x = \varphi(t) \wedge y = \psi(t)$ bzw. $r = r(\varphi)$)

Numerische Integration

Intervall $[a, b]$ in $2\,m$ gleiche Teile mit der Breite $h = \frac{b-a}{2\,m}$ teilen.

$x_0 = a,\ x_1 = a+h,\ x_2 = a+2\,h,\ \ldots,\ x_{2m} = b;\quad y_k = f(x_k)$

Tangenten-Formel $\quad \int_a^b f(x)\,dx \approx 2\,h\,(y_1 + y_3 + y_5 + \cdots + y_{2m-1})$

Keplersche Faßregel $\quad \int_a^b f(x)\,dx \approx \frac{b-a}{6}(y_0 + 4\,y_1 + y_2)$

$y_0 = f(a);\quad y_1 = f\left(\frac{a+b}{2}\right);\quad y_2 = f(b)$

Simpsonsche Formel $\quad \int_a^b f(x)\,dx \approx \frac{h}{3}\{y_0 + y_{2m} + 2\,(y_2 + y_4 + \cdots + y_{2m-2}) + 4\,(y_1 + y_3 + \cdots + y_{2m-1})\}$

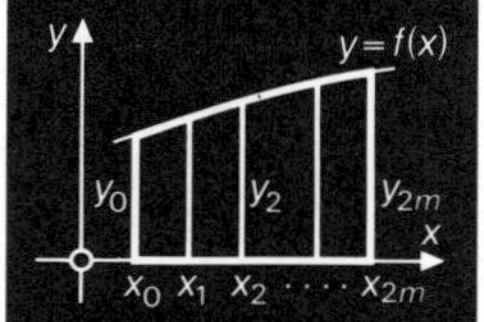

Differentialgleichungen, Hyperbelfunktionen

Lineare Differentialgleichungen mit konstanten Koeffizienten

Differentialgleichung		Lösung (a, b, c reelle Konstanten)
$f'(x) + a\,f(x) = 0$	für alle $x \in \mathbb{R}$	$f(x) = c\,e^{-ax}$
$f'(x) + a\,f(x) = g(x)$,	$g(x)$ stetig	$f(x) = e^{-ax}\left(c + \int_0^x g(x)\,e^{ax}\,dx\right);\ f(0) = c$
$f''(x) + a\,f'(x) + b\,f(x) = 0$	für alle $x \in \mathbb{R}$	
a) $a^2 - 4\,b > 0$ mit $r_{1;2} = \frac{-a \pm \sqrt{a^2-4\,b}}{2}$;		$f(x) = c_1\,e^{r_1 x} + c_2\,e^{r_2 x}$
b) $a^2 - 4\,b = 0$		$f(x) = e^{-\frac{a}{2}x}(c_1 + c_2\,x)$
c) $a^2 - 4\,b < 0$ mit $k = \sqrt{b - \frac{a^2}{4}}$;		$f(x) = e^{-\frac{a}{2}x}(c_1 \cos k\,x + c_2 \sin k\,x)$
$A = \sqrt{c_1^2 + c_2^2} \neq 0;\ \tan\varphi = \frac{c_1}{c_2}$;		$= A\,e^{-\frac{a}{2}x}\sin(k\,x + \varphi)$

f' + a f = 0

Hyperbel- und Areafunktionen

$\sinh x = \frac{e^x - e^{-x}}{2}$ $\qquad$ $\cosh x = \frac{e^x + e^{-x}}{2}$ (Kettenlinie)

$\tanh x = \frac{e^x - e^{-x}}{e^x + e^{-x}} = \frac{e^{2x}-1}{e^{2x}+1}$ $\qquad$ $\coth x = \frac{e^x + e^{-x}}{e^x - e^{-x}} = \frac{e^{2x}+1}{e^{2x}-1}$

$\cosh^2 x - \sinh^2 x = 1$ $\qquad$ $\cosh^2 x + \sinh^2 x = \cosh 2\,x$

$\sinh 2\,x = 2 \cosh x \cdot \sinh x$ $\qquad$ $\tanh x = \frac{\sinh x}{\cosh x}$

$\operatorname{arsinh} x = \ln(x + \sqrt{x^2+1})$ $\qquad$ $\operatorname{arcosh} x = \ln(x + \sqrt{x^2-1})$ $\quad (|x| \geqq 1)$

$\operatorname{artanh} x = \frac{1}{2}\ln\frac{1+x}{1-x}$ $\quad (|x| < 1)$ $\qquad$ $\operatorname{arcoth} x = \frac{1}{2}\ln\frac{x+1}{x-1}$ $\quad (|x| > 1)$

$\sinh y = x \iff y = \operatorname{arsinh} x$ $\qquad$ entsprechend $y = \operatorname{artanh} x$ usw. (Hauptwerte)

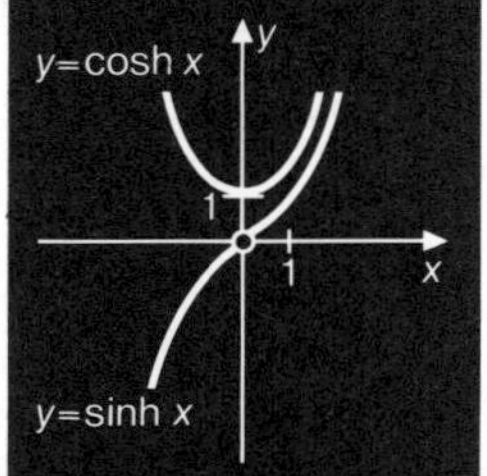

$f(x)$	$f'(x)$	$f(x)$	$f'(x)$	$f(x)$	$f'(x)$	$f(x)$	$f'(x)$
$\sinh x$	$\cosh x$	$\tanh x$	$\frac{1}{\cosh^2 x}$	$\operatorname{arsinh} x$	$\frac{1}{\sqrt{x^2+1}}$	$\operatorname{artanh} x$	$\frac{1}{1-x^2}$ $(\lvert x\rvert < 1)$
$\cosh x$	$\sinh x$	$\coth x$	$-\frac{1}{\sinh^2 x}$	$\operatorname{arcosh} x$	$\frac{1}{\sqrt{x^2-1}}$	$\operatorname{arcoth} x$	$\frac{1}{1-x^2}$ $(\lvert x\rvert > 1)$

Unendliche Reihen

Konvergenzkriterien

Notwendige Konvergenzbedingung für $\sum_{n=1}^{\infty} a_n = a_1 + \cdots + a_n + \cdots$ ist: $\lim_{n \to \infty} a_n = 0$

Hinreichende Konvergenzbedingungen

I. für Reihen mit nur positiven Gliedern:

a) $a_n \leqq b_n$ und $\sum_1^{\infty} b_n$ konvergiert (Majorantenkriterium)

b) $\lim_{n \to \infty} \frac{a_{n+1}}{a_n} \leqq q < 1$ (Quotientenkriterium) c) $\lim_{n \to \infty} \sqrt[n]{a_n} < 1$ (Wurzelkriterium)

II. für alternierende Reihen:

$\lim_{n \to \infty} a_n = 0$ und $|a_{n+1}| < |a_n|$ (LEIBNIZsches Kriterium)

Potenzreihenentwicklung

TAYLORsche Formel

MACLAURINsche Form

$$f(x) = f(0) + \frac{f'(0)}{1!} x + \frac{f''(0)}{2!} x^2 + \cdots + \frac{f^{(n)}(0)}{n!} x^n + R_n(x)$$

$$R_n(x) = \frac{x^{n+1}}{(n+1)!} f^{(n+1)}(\vartheta x)$$ wobei $0 < \vartheta < 1$ (Restglied von LAGRANGE)

Allgemeine Form

$$f(x_0+h) = f(x_0) + \frac{f'(x_0)}{1!} h + \frac{f''(x_0)}{2!} h^2 + \cdots + \frac{f^{(n)}(x_0)}{n!} + R_n(h)$$

$$R_n(h) = \frac{1}{n!} \int_{x_0}^{x_0+h} (x_0+h-x)^n \cdot f^{(n+1)}(x)\, dx$$ (Restglied in Integralform)

$\frac{1}{1+x} = 1 - x + x^2 - x^3 + - \cdots$	$\|x\| < 1$
$(1+x)^m = 1 + \binom{m}{1} x + \binom{m}{2} x^2 + \binom{m}{3} x^3 + \cdots$	$\|x\| < 1$ (m beliebig)
$\frac{1}{\sqrt{1+x}} = 1 - \frac{1}{2} x + \frac{3}{8} x^2 - \frac{5}{16} x^3 + \frac{35}{128} x^4 - + \cdots$	$\|x\| < 1$
$e^x = 1 + \frac{x}{1!} + \frac{x^2}{2!} + \frac{x^3}{3!} + \cdots$	für alle x
$\ln(1+x) = x - \frac{x^2}{2} + \frac{x^3}{3} - \frac{x^4}{4} + - \cdots$	$-1 < x \leqq +1$
$\ln x = 2 \cdot \left[\left(\frac{x-1}{x+1}\right) + \frac{1}{3}\left(\frac{x-1}{x+1}\right)^3 + \frac{1}{5}\left(\frac{x-1}{x+1}\right)^5 + \cdots\right]$	$x > 0$
$\sin x = \frac{x}{1!} - \frac{x^3}{3!} + \frac{x^5}{5!} - \frac{x^7}{7!} + - \cdots$	für alle x
$\cos x = 1 - \frac{x^2}{2!} + \frac{x^4}{4!} - \frac{x^6}{6!} + - \cdots$	für alle x
$\tan x = x + \frac{1}{3} x^3 + \frac{2}{15} x^5 + \frac{17}{315} x^7 + \frac{62}{2835} x^9 + \cdots$	für alle $\|x\| < \frac{\pi}{2}$
$\cot x = \frac{1}{x} - \frac{1}{3} x - \frac{1}{45} x^3 - \frac{2}{945} x^5 - \frac{1}{4725} x^7 - \cdots$	für $0 < \|x\| < \pi$
$\arcsin x = x + \frac{1}{2} \cdot \frac{x^3}{3} + \frac{1 \cdot 3}{2 \cdot 4} \cdot \frac{x^5}{5} + \frac{1 \cdot 3 \cdot 5}{2 \cdot 4 \cdot 6} \cdot \frac{x^7}{7} + \cdots$	$\|x\| \leqq 1$
$\arctan x = x - \frac{x^3}{3} + \frac{x^5}{5} - \frac{x^7}{7} + - \cdots$	$\|x\| \leqq 1$

$$\sum_{n=1}^{\infty} a_n$$

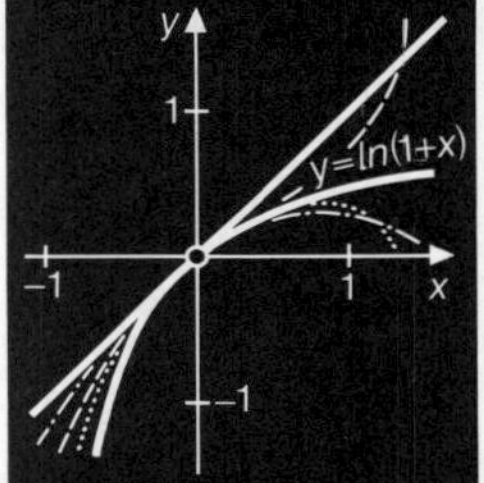

$$\sum_{n=0}^{\infty} a_n x^n$$

Kombinatorik

Permutationen, Variationen, Kombinationen

Begriffe und Erklärungen

Mit n verschiedenen Zeichen (Beispiel für $n = 3$: a, b, c) werden nach einer bestimmten Vorschrift k-stellige Anordnungen gebildet ($n, k \in \mathbb{N}^*$).
(Beispiel für $k = 2$: $aa, ab, ba, \ldots$)

Ohne Wiederholung (ow):
In jeder Anordnung kommt jedes Zeichen höchstens einmal vor.

Mit Wiederholung (mw):
Mindestens ein Zeichen tritt mehr als einmal auf.

Reihenfolge ist wesentlich:
Die Vertauschung von Zeichen in einer Anordnung ergibt eine neue Anordnung.

Reihenfolge ist unwesentlich:
Die Vertauschung von Zeichen in einer Anordnung ergibt keine neue Anordnung.

Permutationen (Reihenfolge in den Anordnungen ist wesentlich)
Anzahl der Anordnungen (Permutationen): P

Ohne Wiederholung
In jeder Anordnung tritt jedes Zeichen genau einmal auf.

$P_{\text{ow}} = n!$

Beispiel: $n = 3$; Zeichen: a, b, c
$P_{\text{ow}} = 6$, nämlich
abc, acb, bac, bca, cab, cba

Mit Wiederholung
In jeder Anordnung tritt jedes Zeichen genau k_i-mal auf, wobei $k_1 + k_2 + \cdots + k_n = k$ und $k_i \geqq 0$ ist.

$P_{\text{mw}} = \dfrac{k!}{k_1!\, k_2! \ldots k_n!}$

Beispiel: $n = 2$; $k = 3$;
Zeichen: a, b; $k_a = 2$; $k_b = 1$
$P_{\text{mw}} = 3$, nämlich *aab, aba, baa*

Variationen (Reihenfolge in den Anordnungen ist wesentlich)
Anzahl der Anordnungen (Variationen): V

Ohne Wiederholung

$V_{\text{ow}} = \dfrac{n!}{(n-k)!}$; $0 < k \leqq n$

Mit Wiederholung

$V_{\text{mw}} = n^k$

Beispiel: $n = 3$; $k = 2$; Zeichen: a, b, c

$V_{\text{ow}} = 6$,
nämlich *ab, ac, ba, bc, ca, cb*

$V_{\text{mw}} = 9$,
nämlich *aa, ab, ac, ba, bb, bc, ca, cb, cc*

Kombinationen (Reihenfolge in den Anordnungen ist unwesentlich)
Anzahl der Anordnungen (Kombinationen): K

Ohne Wiederholung

$K_{\text{ow}} = \dbinom{n}{k}$; $0 < k \leqq n$

Mit Wiederholung

$K_{\text{mw}} = \dbinom{n+k-1}{k}$

Beispiel: $n = 3$; $k = 2$; Zeichen: a, b, c

$K_{\text{ow}} = 3$,
nämlich *ab, ac, bc*

$K_{\text{mw}} = 6$,
nämlich *aa, ab, ac, bb, bc, cc*

Beschreibende Statistik

Häufigkeit

Bezeichnungen: Ausprägungen des (quantitativen) Merkmals: $a_1, a_2, \ldots, a_k$
Ermittelte Stichprobenwerte: $x_1, x_2, \ldots, x_n$

Klassenbildung: Einteilung der n Stichprobenwerte in r Klassen $k_1, k_2, \ldots, k_r$ mit Klassenmitten $m_1, m_2, \ldots, m_r$.

Absolute Häufigkeit n_i Ausprägung a_i tritt n_i-mal auf ($i = 1, \ldots, k$)

Relative Häufigkeit h_i $h_i = \dfrac{n_i}{n}$

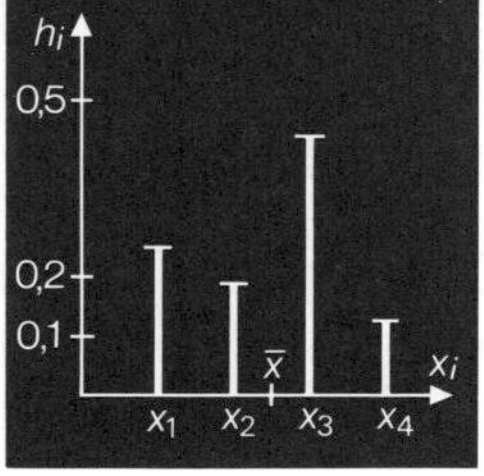

Mittelwert, Varianz, Standardabweichung

Mittelwert (arithm. Mittel) $\overline{x} = \frac{1}{n}\sum_{i=1}^{n} x_i = \frac{1}{n}\sum_{i=1}^{k} a_i n_i = \sum_{i=1}^{k} a_i h_i$

Bei Eintlg. in Klassen: $\overline{x} \approx \frac{1}{n}\sum_{i=1}^{r} m_i n_i$

Varianz (Streuung) $\overline{s}^2 = \frac{1}{n}\sum_{i=1}^{n} (x_i - \overline{x})^2 = \frac{1}{n}\sum_{i=1}^{k} (a_i - \overline{x})^2 n_i = \sum_{i=1}^{k} (a_i - \overline{x})^2 h_i$

Standardabweichung $\overline{s} = \sqrt{\overline{s}^2}$

Prakt. Berechnung: $\overline{s}^2 = \frac{1}{n}\left[\sum_{i=1}^{n} x_i^2 - \frac{1}{n}\left(\sum_{i=1}^{n} x_i\right)^2\right] = \frac{1}{n}\left[\sum_{i=1}^{k} a_i^2 n_i - \frac{1}{n}\left(\sum_{i=1}^{k} a_i n_i\right)^2\right]$

Bei Eintlg. in Klassen: $\overline{s}^2 \approx \frac{1}{n} \cdot \sum_{i=1}^{r} (m_i - \overline{x})^2 n_i$

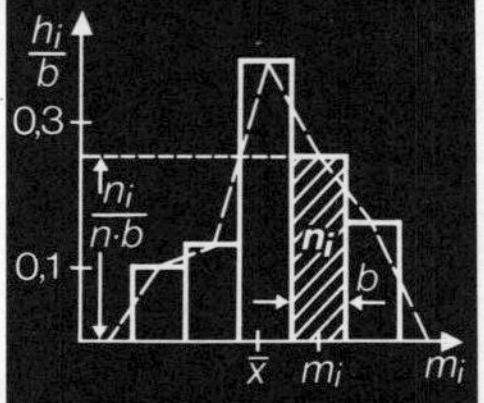

Stochastik

Ereignisse (endlicher Ereignisraum)

Bezeichnungen Bei jeder Durchführung eines Zufallsexperiments tritt genau eines der Ergebnisse (Ausgänge): $a_1, a_2, \ldots, a_k$ $(k \in \mathbb{N}^*)$ ein.

S **Ergebnismenge** (Ausgangsmenge) ist $S = \{a_1, a_2, \ldots, a_k\}$.

A ⊆ S Jede Teilmenge A von S heißt ein **Ereignis** über S.

Das Ereignis A ist eingetreten, wenn $a_i \in A$ und a_i Ergebnis des Experiments ist $(i = 1, 2, \ldots, k)$.
Unmögliches Ereignis: $\emptyset$; *Sicheres Ereignis:* S.

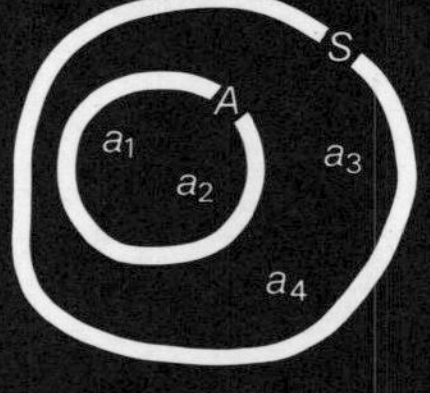

$A \subseteq S$

𝒫(S) Der **Ereignisraum** des Zufallsexperiments ist die Potenzmenge $\mathcal{P}(S)$. Anzahl der möglichen Ereignisse über S: 2^k.

A ∪ B
A ∩ B
$A \cup B$ ist das Ereignis „*A oder B*" (einschließendes *oder*)
$A \cap B$ ist das Ereignis „*A und B*".
$A \subset B$ bedeutet: Wenn A eintritt, dann tritt auch B ein.
Die Ereignisse A und B schließen sich aus, wenn $A \cap B = \emptyset$.

Ā $\overline{A}$ ist **Gegenereignis** von A, wenn $A \cap \overline{A} = \emptyset$ und $A \cup \overline{A} = S$.
Die Ereignisalgebra ist Modell einer Booleschen Algebra.

Elementarereignis Ein Elementarereignis E enthält nur *ein* Element aus S.
$E_i = \{a_i\}$ $(i = 1, 2, \ldots, k)$

Bernoulli-Experiment Ein Zufallsexperiment ist ein Bernoulli-Experiment, wenn es genau zwei Ergebnisse hat: $S = \{a_1, a_2\}$

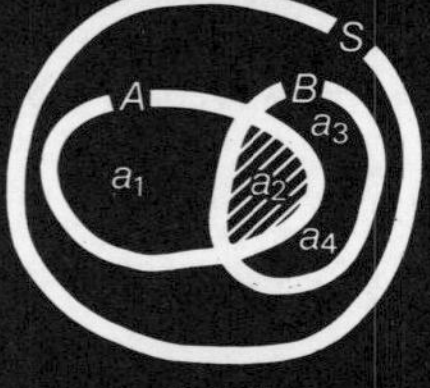

$A \cap B$

Grundlegung der Wahrscheinlichkeitsrechnung

E_i $S = \{a_1, a_2, \ldots, a_k\}$ ist die Ergebnismenge eines Zufallsexperiments und $A \subseteq S$, $B \subseteq S$. $E_i = \{a_i\}$ $(i = 1, 2, \ldots, k)$

Wahrsch.-Funktion Eine Funktion P, die jedem Ereignis $A \subseteq S$ eine reelle Zahl $P(A)$ zuordnet, ist eine Wahrscheinlichkeitsfunktion, wenn

Axiome
1. $P(A) \geqq 0$
2. $P(S) = 1$
3. $P(A \cup B) = P(A) + P(B)$ für $A \cap B = \emptyset$

$P(A)$ nennt man die **Wahrscheinlichkeit** des Ereignisses A.

P(Ā) Folgerungen: $0 \leqq P(A) \leqq 1$; $P(\overline{A}) = 1 - P(A)$; $P(\emptyset) = 0$

P(E_i) $P(E_1) + P(E_2) + \ldots + P(E_k) = 1$
$P(A) = P(E_1) + P(E_2) + \ldots + P(E_r)$, wenn $A = E_1 \cup E_2 \cup \ldots \cup E_r$ $(r \leqq k)$

Laplace-Experiment Ein Zufallsexperiment ist ein Laplace-Experiment, wenn alle Elementarereignisse $E_i = \{a_i\}$ dieselbe Wahrscheinlichkeit $P(E_i) = \frac{1}{k}$ haben.

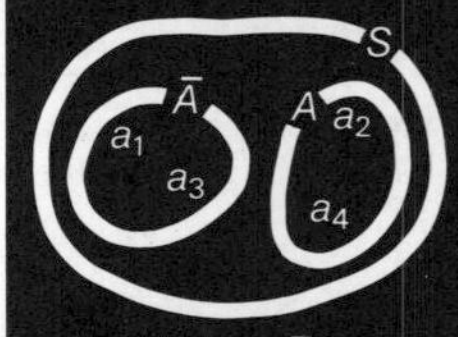

$P(A) + P(\overline{A}) = 1$

Rechnen mit Wahrscheinlichkeiten ($A, B, C, A_1, A_2, \ldots A_n \subseteq S$)

Additionssatz

A, B: $P(A \cup B) = P(A) + P(B) - P(A \cap B)$

A, B, C: $P(A \cup B \cup C) = P(A) + P(B) + P(C) - P(A \cap B) - P(A \cap C) - P(B \cap C) + P(A \cap B \cap C)$

Bedingte Wahrscheinlichkeit

Wahrscheinlichkeit dafür, daß B eintritt unter der Bedingung, daß A mit $P(A) \neq 0$ bereits eingetreten ist:

$P_A(B) = \dfrac{P(A \cap B)}{P(A)}$; andere Bezeichnung für $P_A(B)$ ist $P(B|A)$

Multiplikationssatz

A, B: $P(A \cap B) = P(A) \cdot P_A(B) = P(B) \cdot P_B(A)$

A, B, C: $P(A \cap B \cap C) = P(A) \cdot P_A(B) \cdot P_{A \cap B}(C)$ (mit zykl. Vertauschung)

Unabhängigkeit von Ereignissen (stochastische Unabhängigkeit)

A, B: Zwei Ereignisse A, B heißen genau dann unabhängig, wenn $P(A \cap B) = P(A) \cdot P(B)$.
Wenn A, B unabhängig, dann sind auch: $\overline{A}, B$; $A, \overline{B}$; $\overline{A}, \overline{B}$ unabhängig.

A, B, C: Drei Ereignisse A, B, C heißen genau dann unabhängig, wenn $P(A \cap B \cap C) = P(A) \cdot P(B) \cdot P(C)$ **und** A, B, C paarweise unabhängig sind.

Multiplikationssatz für unabhängige Ereignisse $A_1, A_2, \ldots, A_n$

$P(A_1 \cap A_2 \cap \ldots \cap A_n) = P(A_1) \cdot P(A_2) \cdot \ldots \cdot P(A_n)$

Totale Wahrscheinlichkeit

Wahrscheinlichkeit $P(B)$ für ein beliebiges Ereignis $B \subseteq S$:

$P(B) = P(A_1) \cdot P_{A_1}(B) + P(A_2) \cdot P_{A_2}(B) + \ldots + P(A_m) \cdot P_{A_m}(B)$,

wenn $A_1 \cup \ldots \cup A_m = S$; $A_i \cap A_j = \emptyset$ $(i \neq j)$; $A_i \neq \emptyset$; $P(A_i) > 0$ $(i, j = 1, 2, \ldots, m)$

Satz von Bayes

$P_B(A_i) = \dfrac{P(A_i) \cdot P_{A_i}(B)}{P(A_1) \cdot P_{A_1}(B) + P(A_2) \cdot P_{A_2}(B) + \ldots + P(A_m) \cdot P_{A_m}(B)}$,

wenn $A_1 \cup \ldots \cup A_m = S$; $A_i \cap A_j = \emptyset$ $(i \neq j)$; $A_i \neq \emptyset$; $P(A_i) > 0$ $(i, j = 1, 2, \ldots, m)$

$P(A \cup B)$

$P(A \cap B)$

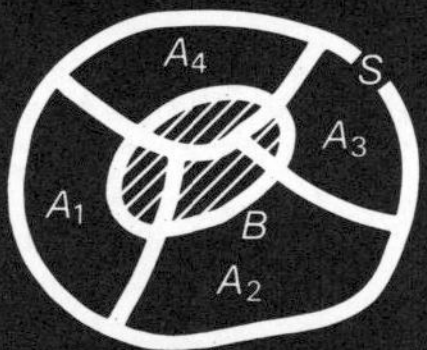

Wahrscheinlichkeitsfunktion, Verteilungsfunktion

Zufallsvariable (Zufallsgröße): X (Y, Z oder $X_1, X_2, \ldots, X_n$)

Wahrscheinlichkeitsfunktion: $x \mapsto P(X = x)$

Verteilungsfunktion: $x \mapsto P(X \leqq x)$; es ist: $P(X > x) = 1 - P(X \leqq x)$

Diskrete Verteilung

Die diskrete Zufallsvariable X ordnet jedem Element der Ergebnismenge $S = \{a_1, a_2, \ldots, a_k\}$ mit $k \in \mathbb{N}^*$ eine reelle Zahl x_i zu $(i = 1, 2, \ldots, n \leqq k)$.

Wahrsch.-Funktion:

$x_i \mapsto f(x_i) = P(X = x_i)$ mit $f(x_i) \geqq 0$ und $\sum\limits_{i=1}^{n} f(x_i) = 1$

Verteilungs-Funktion:

$x \mapsto F(x) = P(X \leqq x) = \sum\limits_{x_i \leqq x} f(x_i)$

Stetige Verteilung

Dichtefunktion *f*

Ist $f(x) \geqq 0$ für $x \in \mathbb{R}$ und $\int\limits_{-\infty}^{+\infty} f(x)\,dx = 1$, dann ist die Funktion F:

$x \mapsto F(x) = \int\limits_{-\infty}^{x} f(t)\,dt = P(X \leqq x)$ die

Verteilungsfunktion *F*

der stetigen Zufallsvariablen X mit der Dichtefunktion f.
Ist f stetig an der Stelle x, so ist: $F'(x) = f(x)$

$P(a < X \leqq b) = F(b) - F(a)$

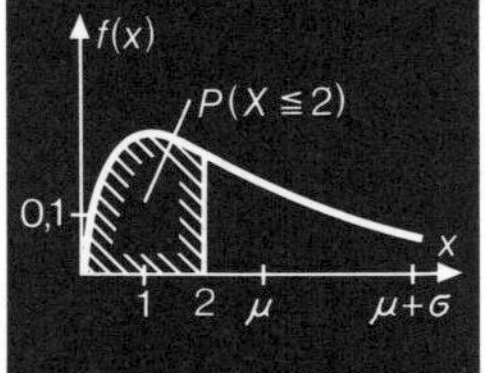

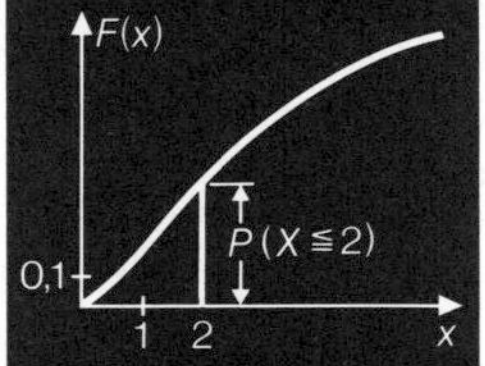

Maßzahlen (Parameter)

Erwartungswert $E(X) = \mu$; *Varianz* $V(X) = \sigma^2$; *Standardabweichung* $\sigma = \sqrt{\sigma^2}$

Diskrete Verteilung

$$E(X) = \mu = \sum_{i=1}^{n} x_i \cdot f(x_i)$$

$$V(X) = \sigma^2 = \sum_{i=1}^{n} (x_i - \mu)^2 f(x_i)$$

$$= E(X-\mu)^2 = E(X^2) - \mu^2$$

Stetige Verteilung

$$E(X) = \mu = \int_{-\infty}^{+\infty} x \cdot f(x)\,dx$$

$$V(X) = \sigma^2 = \int_{-\infty}^{+\infty} (x-\mu)^2 f(x)\,dx$$

$$= E(X-\mu)^2 = E(X^2) - \mu^2$$

Verschiebungssatz $V(X) = \sum_{i=1}^{n} (x_i - a)^2 \cdot f(x_i) - (\mu - a)^2$ $(a \in \mathbb{R})$

Transformationen

bei *Erwartungswerten:* $E(aX+b) = a \cdot E(X) + b$; $E(X+Y) = E(X) + E(Y)$

$E(X_1 + X_2 + \cdots + X_n) = E(X_1) + E(X_2) + \cdots + E(X_n)$

bei *Varianzen:* $V(aX+b) = a^2 V(X)$

Wenn X, Y unabhängig, dann gilt: $E(X \cdot Y) = E(X) \cdot E(Y)$

$V(X+Y) = V(X) + V(Y)$

Wenn X_i unabhängig, dann gilt: $V(X_1 + \cdots + X_n) = V(X_1) + \cdots + V(X_n)$

Standardisierung: Ist $E(X) = \mu$, $V(X) = \sigma^2$, dann gilt für die standardisierte Zufallsvariable $Z = \frac{X-\mu}{\sigma}$: $E(Z) = 0$; $V(Z) = 1$

$E(X) = \mu$

$V(X) = \sigma^2$

Binomialverteilung

Urnen-Modell: Einer Urne mit N Kugeln, darunter r roten, werden nacheinander **mit Zurücklegen** n Kugeln entnommen.
Die Zufallsvariable X gibt die Anzahl der gezogenen roten Kugeln an.

Wahrsch.-Funktion $k \mapsto P(X = k) = f_B(k; n; p) = \binom{n}{k} p^k q^{n-k}$ mit $p = \frac{r}{N}$; $q = 1 - p$; $k = 0, 1, \ldots, n$

Rekursion: $f_B(k+1; n; p) = f_B(k; n; p) \cdot \frac{p}{q} \cdot \frac{n-k}{k+1}$; *Start:* $f_B(0; n; p) = q^n$

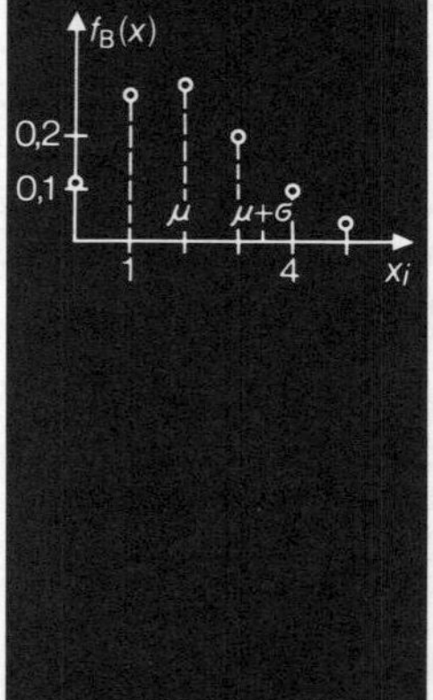

Vert.-Fkt. $k \mapsto P(X \leqq k) = F_B(k; n; p) = \sum_{i=0}^{k} f_B(i; n; p)$; $P(X > k) = 1 - F_B(k; n; p)$

Formeln: $f_B(k; n; p) = f_B(n-k; n; q)$; $f_B(k; n; p) = F_B(k; n; p) - F_B(k-1; n; p)$

$P(k_1 \leqq X \leqq k_2) = F_B(k_2; n; p) - F_B(k_1 - 1; n; p)$; $F_B(n; n; p) = 1$

Maßzahlen: $E(X) = \mu = np$ (Erwartungswert); $V(X) = \sigma^2 = npq$ (Varianz)

BERNOULLI-Kette: Tritt bei einem BERNOULLI-Experiment ein Ereignis A mit der Wahrscheinlichkeit p ein, dann tritt es bei n-maliger Wiederholung des Experiments genau k-mal mit der Wahrscheinlichkeit $P = f_B(k; n; p)$ ein.

POISSON-Verteilung

Die Zufallsvariable nimmt die Werte $k = 0, 1, 2, \ldots$ an; Parameter ist λ.

Wahrsch.-Funktion $k \mapsto P(X = k) = f_P(k; \lambda) = e^{-\lambda} \frac{\lambda^k}{k!}$ $(\lambda \in \mathbb{R}_+)$

Rekursion: $f_P(k+1; \lambda) = f_P(k; \lambda) \frac{\lambda}{k+1}$; *Start:* $f_P(0; \lambda) = e^{-\lambda}$

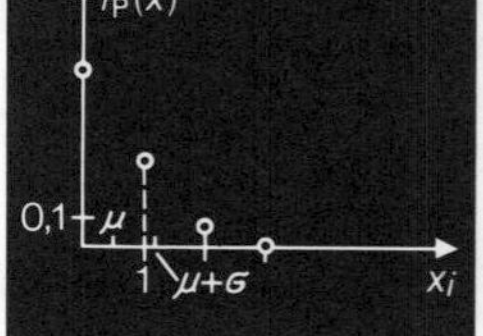

Vert.-Fkt. $k \mapsto P(X \leqq k) = F_P(k; \lambda) = \sum_{i=0}^{k} f_P(i; \lambda)$

Maßzahlen: $E(X) = \mu = \lambda$ (Erwartungswert); $V(X) = \sigma^2 = \lambda$ (Varianz)

Hypergeometrische Verteilung

Urnen-Modell Einer Urne mit N Kugeln, darunter r roten, werden **ohne Zurücklegen** n Kugeln entnommen. Die Zufallsvariable X gibt die Anzahl der gezogenen roten Kugeln an.

Funktion $k \mapsto P(X=k) = \dfrac{\binom{r}{k} \cdot \binom{N-r}{n-k}}{\binom{N}{n}} = f_H(k; N; r; n)$ mit $0 \leqq k \leqq \mathrm{Min}(r, n)$

Maßzahlen Mit $p = \frac{r}{N}$, $q = 1-p$: $E(X) = \mu = np$; $V(X) = \sigma^2 = npq \cdot \frac{N-n}{N-1}$

Normalverteilung

Die Zufallsvariable X mit den Werten $x \in \mathbb{R}$ heißt normalverteilt mit $E(X) = \mu$ und Standardabweichung $\sigma > 0$ (Abk.: X ist $N(\mu; \sigma)$-verteilt), wenn gilt:

Dichtefunktion $x \mapsto f_N(x) = \dfrac{1}{\sigma\sqrt{2\pi}} e^{-\frac{1}{2}\left(\frac{x-\mu}{\sigma}\right)^2}$; $-\infty < x < +\infty$

Verteilungsfunktion $x \mapsto F_N(x) = P(X \leqq x) = \int\limits_{-\infty}^{x} f_N(u)\, du$

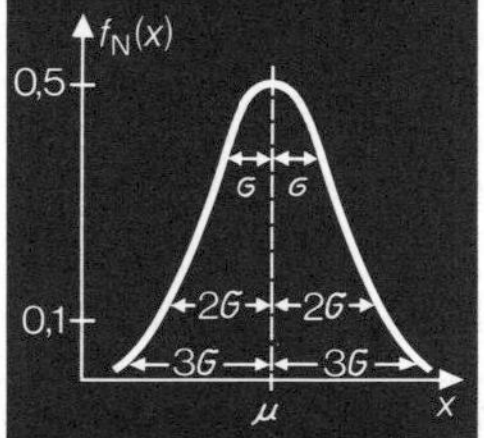

Standardisierte Normalverteilung

Die standardisierte Zufallsvariable $Z = \dfrac{X-\mu}{\sigma}$ ist $N(0; 1)$-verteilt.

Dichtefunktion $z \mapsto \varphi(z) = \dfrac{1}{\sqrt{2\pi}} e^{-\frac{1}{2}z^2}$; $-\infty < z < +\infty$

Verteilungsfunktion $z \mapsto \Phi(z) = P(Z \leqq z) = \int\limits_{-\infty}^{z} \varphi(u)\, du$; $\Phi(-z) = 1 - \Phi(z)$

Additionssatz Sind die Zufallsvariablen $X_1, X_2, \ldots, X_n$ unabhängig und $N(\mu_i; \sigma_i)$-verteilt ($i = 1, 2, \ldots, n$),
dann ist die Zufallsvariable $X = a_0 + a_1X_1 + \ldots + a_nX_n$ mit $a_i \in \mathbb{R}$ $N(\mu; \sigma)$-verteilt, wobei $\mu = a_0 + a_1\mu_1 + \ldots + a_n\mu_n$ und $\sigma^2 = a_1^2\sigma_1^2 + a_2^2\sigma_2^2 + \ldots + a_n^2\sigma_n^2$ ist.

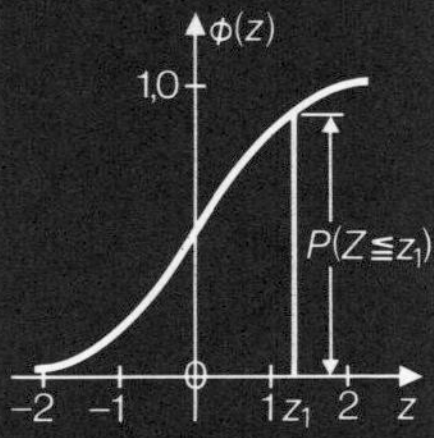

Approximationen (Näherungen)

Binomialverteilung durch Normalverteilung

Für $npq \geqq 9$ gilt: ($\mu = np$; $\sigma = \sqrt{npq}$) — Näherungsformeln von De Moivre-Laplace:

(1) $P(X=k) = f_B(k;n;p) \approx \frac{1}{\sigma}\varphi(z)$ mit $z = \frac{k-\mu}{\sigma}$ — Lokale Näherung

(2) $P(X=k) = f_B(k;n;p) \approx \frac{1}{\sigma}\varphi(z) \cdot \left[1 + \frac{z}{6\sigma}(p-q)(3-z^2)\right]$ — Lokale Näherung mit Korrekturglied

(3) $P(X \leqq k) = F_B(k;n;p) \approx \Phi(z)$ mit $z = \frac{k+0{,}5-\mu}{\sigma}$ — Globale Näherung

(4) $P(k_1 \leqq X \leqq k_2) \approx \Phi(z_2) - \Phi(z_1)$ mit $z_2 = \frac{k_2+0{,}5-\mu}{\sigma}$ und $z_1 = \frac{k_1-0{,}5-\mu}{\sigma}$

(5) $P(|X-np| \leqq c) \approx 2\,\Phi(z) - 1$; (5a) $P(|X-np| > c) \approx 2\,[1-\Phi(z)]$ mit $z = \frac{c+0{,}5}{\sigma}$

Binomialverteilung durch Poissonverteilung

Für $p \leqq 0{,}05$ und $n \geqq 50$ gilt:
$P(X=k) = f_B(k;n;p) \approx f_P(k;\lambda) = F_P(k;\lambda) - F_P(k-1;\lambda)$ mit $\lambda = np$

Poissonverteilung durch Normalverteilung

Für $\lambda = \mu \geqq 9$ gilt:

(1) $P(X=k) = f_P(k;\lambda) \approx \frac{1}{\sqrt{\lambda}}\varphi(z)$ mit $z = \frac{k-\lambda}{\sqrt{\lambda}}$;

(2) $P(X \leqq k) = F_P(k;\lambda) \approx \Phi\left(\frac{k+0{,}5-\lambda}{\sqrt{\lambda}}\right)$

(3) $P(k_1 \leqq X \leqq k_2) = F_P(k_2;\lambda) - F_P(k_1-1;\lambda) \approx \Phi\left(\frac{k_2+0{,}5-\lambda}{\sqrt{\lambda}}\right) - \Phi\left(\frac{k_1-0{,}5-\lambda}{\sqrt{\lambda}}\right)$

Zentraler Grenzwertsatz

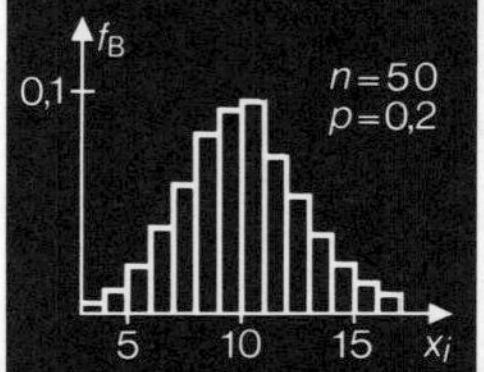

Haben die unabhängigen Zufallsvariablen $X_1, X_2, \ldots, X_n$ dieselbe Verteilung, also den gleichen Erwartungswert μ und dieselbe Standardabweichung $\sigma > 0$, dann ist die Zufallsvariable $X = X_1 + X_2 + \ldots + X_n$ für große n ($n > 50$) annähernd $N(n\mu; \sigma\sqrt{n})$-verteilt.

$$P(X \leqq x) \approx \Phi\left(\frac{x - n\mu}{\sigma\sqrt{n}}\right)$$

Ungleichungen

Tschebyscheffsche Ungleichung (gilt für alle Verteilungen)

Wenn $E(X) = \mu$, $V(X) = \sigma^2$ und $k \in \mathbb{R}_+$, $c = k\sigma$, dann gilt:

$P(|X-\mu| \geqq c) \leqq \frac{\sigma^2}{c^2}$; $\quad P(|X-\mu| \geqq k\sigma) \leqq \frac{1}{k^2}$

Ist die Zufallsvariable X binomialverteilt, dann gilt für $\varepsilon > 0$:

$P(|h-p| < \varepsilon) \geqq 1 - \frac{pq}{n\varepsilon^2} \geqq 1 - \frac{1}{4n\varepsilon^2}$; $\quad h = \frac{X}{n}$ = relative Häufigkeit

Beurteilende Statistik

Stichprobe, Maßzahlen

Die zur Zufallsvariablen X gehörende Grundgesamtheit hat den Erwartungswert μ_X und die Varianz σ_X^2.

Werte einer Stichprobe: $x_1, x_2, \ldots, x_n$

Mittelwert der Stichprobe: $\overline{x} = \frac{1}{n}(x_1 + x_2 + \ldots + x_n)$ (Schätzwert für μ_X) $\quad \overline{\boldsymbol{x}}$

Varianz der Stichprobe: $s^2 = \frac{1}{n-1}\sum_{i=1}^{n}(x_i - \overline{x})^2$ (Schätzwert für σ_X^2)

Standardabweichung: $s = \sqrt{s^2}$ $\quad \boldsymbol{s}$

Vertrauensintervall für μ_X

Wenn die Zufallsvariable X normalverteilt (annähernd normalverteilt) und $n \geqq 30$ ist, kann σ_X durch s ersetzt werden und es gilt:

Das Vertrauensintervall $\left[\overline{x} - \frac{c \cdot s}{\sqrt{n}}; \; \overline{x} + \frac{c \cdot s}{\sqrt{n}}\right]$ überdeckt mit der Wahrscheinlichkeit γ den Erwartungswert μ_X, wobei $\Phi(c) = \frac{1}{2}(1+\gamma)$ ist. $\quad \boldsymbol{\mu_x}$

c für übliche γ-Werte:

γ	0,90	0,95	0,99	0,999
c	1,64	1,96	2,58	3,29

Signifikanztest für μ_X

Sollwert: μ_0; Nullhypothese H_0; Irrtumswahrscheinlichkeit: α

Die Zufallsvariable X ist normalverteilt (annähernd normalverteilt) und es ist $n \geqq 30$
oder: X ist nicht normalverteilt und es ist $n \geqq 100$.

zweiseitiger Test	linksseitiger Test	rechtsseitiger Test
H_0: $\mu = \mu_0$; H_1: $\mu \neq \mu_0$	H_0: $\mu \geqq \mu_0$; H_1: $\mu < \mu_0$	H_0: $\mu \leqq \mu_0$; H_1: $\mu > \mu_0$
Entscheidung	H_0 wird *abgelehnt*, wenn gilt:	
$\left\lvert\frac{\overline{x}-\mu_0}{s}\right\rvert \cdot \sqrt{n} > g$ mit $\Phi(g) = 1 - \frac{\alpha}{2}$	$\frac{\mu_0 - \overline{x}}{s} \cdot \sqrt{n} > k$ mit $\Phi(k) = 1 - \alpha$	$\frac{\overline{x} - \mu_0}{s} \cdot \sqrt{n} > k$ mit $\Phi(k) = 1 - \alpha$

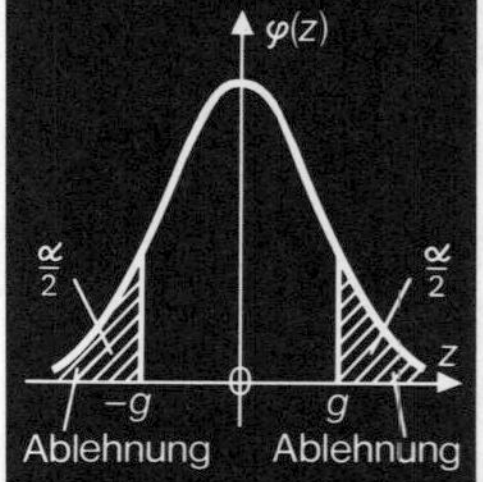

g, k für übliche α-Werte:

α	0,10	0,05	0,01	0,001
g	1,64	1,96	2,58	3,29

α	0,10	0,05	0,01	0,001
k	1,28	1,64	2,33	3,09

Logik

Aussagenlogik – s. auch S. 1

$p \longrightarrow q$

$p \longleftrightarrow q$

$p \nleftrightarrow q$

Junktoren sind die Verknüpfungszeichen (s. S. 1) $\neg,\ \wedge,\ \vee,\ \longrightarrow,\ \longleftrightarrow,\ \nleftrightarrow$

Subjunktion $p \longrightarrow q$, p subjungiert q

Bijunktion $p \longleftrightarrow q$, p bijungiert q

Antivalenz (Alternative) $p \nleftrightarrow q$, entweder p oder q *(ausschließendes oder)*

Wahrheitstafel

p	q	$p \longrightarrow q$	$p \longleftrightarrow q$	$p \nleftrightarrow q$
W	W	W	W	F
W	F	F	F	W
F	W	W	F	W
F	F	W	W	F

Zusammenhänge

$p \longrightarrow q \Longleftrightarrow \neg p \vee q$

$p \longleftrightarrow q \Longleftrightarrow (\neg p \vee q) \wedge (p \vee \neg q)$

$p \nleftrightarrow p \Longleftrightarrow \neg (p \longleftrightarrow q) \Longleftrightarrow (p \wedge \neg q) \vee (\neg p \wedge q)$

AF

Sonderfälle logischer Aussageformen (AF)

Eine AF, die bei *jeder* Belegung ihrer Variablen den Wahrheitswert W annimmt, heißt **Wahrform** (Tautologie, logisch wahre AF, logisches Gesetz).

Eine AF, die bei *jeder* Belegung ihrer Variablen den Wahrheitswert F annimmt, heißt **Falschform** (Kontradiktion, logisch falsche AF, logischer Widerspruch).

Eine Aussageform, die *weder* Wahrform *noch* Falschform ist, heißt **Neutralform** (Neutralität, logisch teilgültige AF).

Beisp.: $p \vee \neg p$, $\neg (p \wedge q) \vee q$, sind *Wahrformen*

$p \wedge \neg p$, $\neg (p \vee q) \wedge q$, sind *Falschformen*

$p \vee q$, $p \wedge q$, $p \longrightarrow q$, sind *Neutralformen* (sie können W oder F sein!).

( )

Klammerersparungsregeln (nach DIN 5474)

Zur Ersparung von Klammern trifft man folgende Festsetzungen:

- Außenklammern einer einzeln stehenden Formel können weggelassen werden.
- $\neg$ bindet stärker als $\wedge$, $\vee$; $\wedge$, $\vee$ binden stärker als $\longrightarrow$, $\longleftrightarrow$, $\nleftrightarrow$.
- $\wedge$, $\vee$ binden unter sich gleich stark, ebenso $\longrightarrow$, $\longleftrightarrow$, $\nleftrightarrow$.

Beispiel: Statt $((\neg p) \longrightarrow (\neg p) \wedge q))$ kann man schreiben: $\neg p \longrightarrow \neg p \wedge q$.

Logische Implikation, Äquivalenz

$A \Longrightarrow B$

$A \Longleftrightarrow B$

Definitionen (*A, B* seien Aussageformen)

$A \Longrightarrow B$ (*A* impliziert *B*; *B* folgt aus *A*), wenn $A \longrightarrow B$ Wahrform ist.

$A \Longleftrightarrow B$ (*A* äquivalent *B*; *B* äquivalent *A*), wenn $A \longleftrightarrow B$ Wahrform ist.

Beispiel: $p \wedge q \Longrightarrow p \vee q$, weil $p \wedge q \longrightarrow p \vee q$ Wahrform ist.

Anm.: $\Longrightarrow$, $\Longleftrightarrow$ sind *keine Verknüpfungszeichen.* Für $\Longrightarrow$ wird auch Zeichen $\models$ verwendet.

Quantoren

Zeichen

Ist $B(x)$ eine Bedingung, in der x frei vorkommt, so bedeutet:

$\bigwedge_x B(x)$ für alle x gilt $B(x)$ (*Allquantor*); *Beispiel:* $\bigwedge_x (x+1)^2 = x^2+2x+1$

$\bigvee_x B(x)$ es gibt (wenigstens) ein x, für das $B(x)$ gilt *(Existenzquantor)*

Beispiel: $\bigvee_x x^3+x^2+x-3 = 0 \quad (x \in \mathbb{R})$

$\bigwedge_x$

$\bigvee_x$

Gesetze

Für endliche Mengen $U = \{a_1, \ldots, a_n\}$ gilt:

$\bigwedge_{x \in U} B(x) \Longleftrightarrow B(a_1) \wedge B(a_2) \wedge \ldots \wedge B)a_n)$

$\bigvee_{x \in U} B(x) \Longleftrightarrow B(a_1) \vee B(a_2) \vee \ldots \vee B(a_n)$

Verneinungsgesetze:

$\neg \bigwedge_x B(x) \Longleftrightarrow \bigvee_x \neg B(x)$

$\neg \bigvee_x B(x) \Longleftrightarrow \bigwedge_x \neg B(x)$

$\bigvee_x \bigwedge_y B(x,y) \Longrightarrow \bigwedge_y \bigvee_x B(x,y)$

Aussagenalgebra

Gesetze der Aussagenalgebra – Gesetze der Aussagenlogik ($G, \vee, \wedge, \neg$)

Kommutativgesetze	$p \vee q \Leftrightarrow q \vee p$	$p \wedge q \Leftrightarrow q \wedge p$
Assoziativgesetze	$(p \vee q) \vee r \Leftrightarrow p \vee (q \vee r)$	$(p \wedge q) \wedge r \Leftrightarrow p \wedge (q \wedge r)$
Distributivgesetze	$p \vee (q \wedge r) \Leftrightarrow (p \vee q) \wedge (p \vee r)$	$p \wedge (q \vee r) \Leftrightarrow (p \wedge q) \vee (p \wedge r)$
Idempotenzgesetze	$p \vee p \Leftrightarrow p$	$p \wedge p \Leftrightarrow p$
Absorptionsgesetze (Verschmelzungsges.)	$p \vee (p \wedge q) \Leftrightarrow p$	$p \wedge (p \vee q) \Leftrightarrow p$
DE MORGAN-Gesetze und andere Verneinungsgesetze $\neg(\neg p) = p$; $\neg W = F$; $\neg F = W$	$\neg(p \vee q) \Leftrightarrow \neg p \wedge \neg q$ $p \vee \neg p$ ist *Wahrform* Satz vom ausgeschlossenen Dritten	$\neg(p \wedge q) \Leftrightarrow \neg p \vee \neg q$ $p \wedge \neg p$ ist *Falschform* Satz vom Widerspruch ($\Leftrightarrow \neg(p \wedge \neg p)$ ist Wahrform)
DUALITÄTSPRINZIP	Wenn im Gesetz stehen $\vee, \wedge, \rightarrow$, W, F, $\Leftrightarrow$,	dann stehen im dualen Gesetz $\wedge, \vee, \leftarrow$, F, W, $\Leftrightarrow$

(∨, ∧)

Kontrapositionsgesetz $(p \rightarrow q) \Leftrightarrow (\neg q \rightarrow \neg p)$

Transitivgesetz $((p \rightarrow q) \wedge (q \rightarrow r)) \Rightarrow (p \rightarrow r)$

Abtrenngesetze $p \wedge (p \rightarrow q) \Rightarrow q$ (direkter Schluß)

$(p \rightarrow q) \wedge \neg q \Rightarrow \neg p$ (indirekter Schluß)

$$\begin{array}{l} p \\ p \longrightarrow q \\ \hline q \end{array}$$

Schaltalgebra

Rechengesetze der Schaltalgebra ($\{0, 1\}, \vee, \wedge, -$); $\overline{(\overline{a})} = a$

($K_\vee$)	$a \vee b = b \vee a$	($K_\wedge$)	$a \wedge b = b \wedge a$
($A_\vee$)	$(a \vee b) \vee c = a \vee (b \vee c)$	($A_\wedge$)	$(a \wedge b) \wedge c = a \wedge (b \wedge c)$
($V_\vee$)	$a \vee (a \wedge b) = a$	($V_\wedge$)	$a \wedge (a \vee b) = a$
($D_\vee$)	$a \vee (b \wedge c) = (a \vee b) \wedge (a \vee c)$	($D_\wedge$)	$a \wedge (b \vee c) = (a \wedge b) \vee (a \wedge c)$
($C_\vee$)	$a \vee \overline{a} = 1$	($C_\wedge$)	$a \wedge \overline{a} = 0$
($I_\vee$)	$a \vee a = a$	($I_\wedge$)	$a \wedge a = a$
($M_\vee$)	$\overline{a \vee b} = \overline{a} \wedge \overline{b}$	($M_\wedge$)	$\overline{a \wedge b} = \overline{a} \vee \overline{b}$
($N_\vee$)	$a \vee 0 = a$	($N_\wedge$)	$a \wedge 1 = a$
	0 ist das neutrale Element bezüglich $\vee$		1 ist das neutrale Element bezüglich $\wedge$
	$\overline{0} = 1$; $0 \vee 0 = 0$, $0 \vee 1 = 1$, $1 \vee 1 = 1$		$\overline{1} = 0$; $0 \wedge 0 = 0$, $0 \wedge 1 = 0$, $1 \wedge 1 = 1$

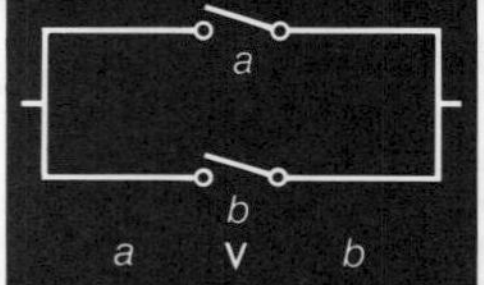

Anmerkung: Statt der Zeichen $\wedge, \vee$ werden auch die Zeichen $\cdot, +$ verwendet. Legt man, wie in der normalen Algebra, fest (vergleiche auch die Klammerersparungsregeln auf S. 33) „$\cdot$ bindet stärker als $+$", so erhält man Gesetze wie:

$a+0 = a$; $a \cdot 1 = a$; $a(b+c) = ab + ac$

$a+1 = 1$; $a \cdot a = a$; $a + bc = (a+b)(a+c)$

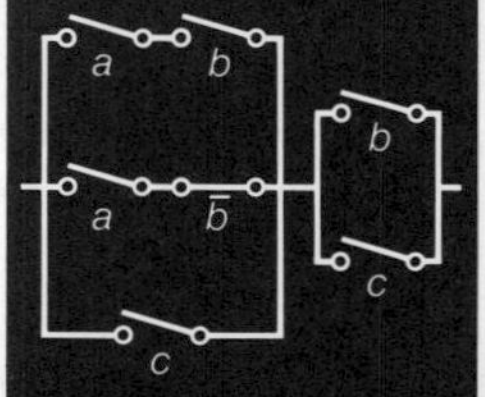

Umformung von Schaltbildern

Satz: Einer Äquivalenzumformung von Ausdrücken (Termen) entspricht eine Äquivalenzumformung von Schaltbildern.

Beispiel:

$[(a \wedge b) \vee (a \wedge \overline{b}) \vee c] \wedge (b \vee c)$	$= \{[a \wedge (b \vee \overline{b})] \vee c\} \wedge (b \vee c)$	($D_\wedge$)
	$= [(a \wedge 1) \vee c] \wedge (b \vee c)$	($C_\vee$)
	$= (a \vee c) \wedge (b \vee c)$	$(a \wedge 1) = a$
	$= (a \wedge b) \vee c$	($K_\vee$), ($D_\vee$), ($K_\vee$)

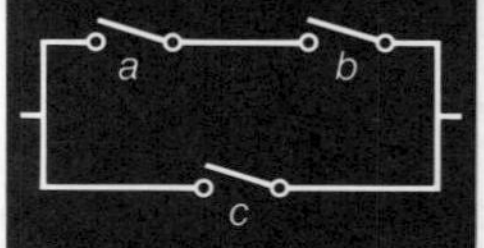

Mengenalgebra (Ergänzungen zu S. 1)

Gesetze der Mengenalgebra ($G, \cup, \cap, \overline{}$); $A, B, C \subset G$; G = Grundmenge

Kommutativgesetze	$A \cup B = B \cup A$	$A \cap B = B \cap A$
Assoziativgesetze	$(A \cup B) \cup C = A \cup (B \cup C)$	$(A \cap B) \cap C = A \cap (B \cap C)$
Distributivgesetze	$A \cup (B \cap C) = (A \cup B) \cap (A \cup C)$	$A \cap (B \cup C) = (A \cap B) \cup (A \cap C)$
Idempotenzgesetze	$A \cup A = A$	$A \cap A = A$
Absorptionsgesetze	$A \cup (A \cap B) = A$	$A \cap (A \cup B) = A$
DE MORGAN-Gesetze	$\overline{A \cup B} = \overline{A} \cap \overline{B}$	$\overline{A \cap B} = \overline{A} \cup \overline{B}$
und andere Gesetze	$A \cup G = G$	$A \cap \emptyset = \emptyset$
für Komplementmengen	$A \cup \emptyset = A$	$A \cap G = A$
$\overline{(\overline{A})} = A, \overline{G} = \emptyset, \overline{\emptyset} = G$	$A \cup \overline{A} = G$	$A \cap \overline{A} = \emptyset$
DUALITÄTSPRINZIP	Wenn im Gesetz stehen $\cup, \cap, \subset, G, \emptyset, =,$	dann stehen im dualen Gesetz $\cap, \cup, \supset, \emptyset, G, =$

(∪, ∩)

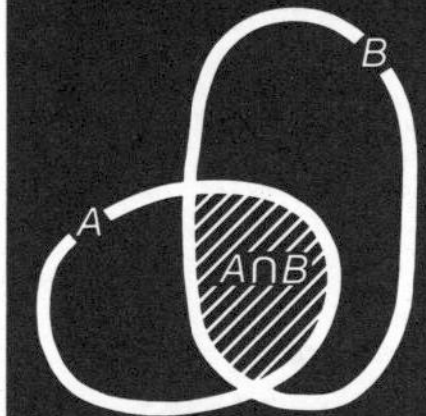

Mengenalgebra und andere Algebren – Gegenüberstellung

Mengenalgebra, Aussagenalgebra, Schaltalgebra sind Modelle einer BOOLEschen Algebra; in allen gilt das *Dualitätsprinzip*. Es entsprechen sich:

Mengenalgebra	$A, B, \ldots$	$\overline{A}, \quad \overline{B}, \ldots$	$\cap$	$\cup$	$\subset$	G	$\emptyset$	$=$
Aussagenalgebra	$p, q, \ldots$	$\neg p, \quad \neg q, \ldots$	$\wedge$	$\vee$	$\Longrightarrow$	W	F	$\Longleftrightarrow$
Schaltalgebra	$a, b, \ldots$	$\overline{a}, \quad \overline{b}, \ldots$	$\wedge$	$\vee$	$\Longrightarrow$	1	0	$=$

$p \wedge q$

BOOLEsche Algebra, allgemeiner Verband

BOOLEsche Algebra ($B, \sqcup, \sqcap, \overline{}$)

$(B, \sqcup, \sqcap, \overline{})$

Ein **BOOLEscher Verband** (Eine BOOLEsche Algebra) ist ein spezieller Verband (s. unten), der *sowohl distributiv als auch komplementär* ist. Für alle $a \in B$ gilt:

Es gibt in B ein Nullelement n mit ($\mathbf{N}_\sqcup$) $a \sqcup n = a$ (n ist **N**eutrales Element bzgl. $\sqcup$)	Es gibt in B ein Einselement e mit ($\mathbf{N}_\sqcap$) $a \sqcap e = a$ (e ist **N**eutrales Element bzgl. $\sqcap$)

Zu jedem $a \in B$ gibt es ein komplementäres Element $\overline{a} \in B$, für das gilt:

($\mathbf{C}^*_\sqcup$) $a \sqcup \overline{a} = e$	($\mathbf{C}^*_\sqcap$) $a \sqcap \overline{a} = n$

Satz: Jede endliche BOOLEsche Algebra hat 2^k Elemente mit $k \in \mathbb{N}^*$.

Verband ($M, \sqcup, \sqcap$)

$(M, \sqcup, \sqcap)$

Ein **Verband** ist eine nichtleere Menge M, auf der zwei (zweistellige) Verknüpfungen $\sqcup$ (lies: Vereinigung) und $\sqcap$ (lies: Schnitt) definiert sind, für welche die **Verbandsaxiome** ($K_\sqcup$), ($A_\sqcup$), ($V_\sqcup$), ($K_\sqcap$), ($A_\sqcap$), ($V_\sqcap$) gelten:

Ein Verband ist ein **distributiver Verband**, wenn außer den Verbandsaxiomen auch noch die **D**istributivgesetze ($\mathbf{D}_\sqcup$) und ($\mathbf{D}_\sqcap$) gelten.

Ein Verband ist ein **komplementärer Verband**, wenn die Verbandsaxiome erfüllt sind und wenn zu jedem $a \in M$ (mindestens) ein komplementäres Element $\overline{a} \in M$ existiert, für das die **C**omplementgesetze ($\mathbf{C}_\sqcup$) und ($\mathbf{C}_\sqcap$) gelten.

Kommutativgesetze	($\mathbf{K}_\sqcup$)	$a \sqcup b = b \sqcup a$	($\mathbf{K}_\sqcap$)	$a \sqcap b = b \sqcap a$
Assoziativgesetze	($\mathbf{A}_\sqcup$)	$(a \sqcup b) \sqcup c = a \sqcup (b \sqcup c)$	($\mathbf{A}_\sqcap$)	$(a \sqcap b) \sqcap c = a \sqcap (b \sqcap c)$
Verschmelzungs-G.	($\mathbf{V}_\sqcup$)	$a \sqcup (a \sqcap b) = a$	($\mathbf{V}_\sqcap$)	$a \sqcap (a \sqcup b) = a$
Distributivgesetze	($\mathbf{D}_\sqcup$)	$a \sqcup (b \sqcap c) = (a \sqcup b) \sqcap (a \sqcup c)$	($\mathbf{D}_\sqcap$)	$a \sqcap (b \sqcup c) = (a \sqcap b) \sqcup (a \sqcap c)$
Complementgesetze	($\mathbf{C}_\sqcup$)	$(a \sqcup \overline{a}) \sqcap b = b$	($\mathbf{C}_\sqcap$)	$(a \sqcap \overline{a}) \sqcup b = b$

Mengenabbildungen (Relationen)

$R \subset A \times B$

Zweistellige Relationen

Definition Jede Teilmenge $R \subseteq A \times B$ heißt (zweistellige) Relation zwischen A und B.

Schreibweisen: xRy (mit $x \in A$; $y \in B$); $(x, y) \in R$; $R = \{(x_1, y_1), (x_2, y_2) \ldots\}$
$R = \{(x, y) \mid$ mit der Eigenschaft $\ldots\}$

Sprechweisen: x steht in der Relation R zu y; R trifft auf x und y zu; das geordnete Paar (x, y) gehört zu R; (x, y) ist Element von $R \subset A \times B$, kürzer (x, y) ist Element von R.

Beispiel: $A = \{2, 3, 4, 5, 6\}$; $B = \{11, 12, 15\}$; x teilt y (geschrieben $x|y$) trifft auf x und y zu; $2|12$, $3|12$, $3|15$, $4|12$, $5|15$, $6|12$ sind alle (x, y) mit $x|y$; $R = \{(2, 12), (3, 12), (3, 15), (4, 12), (5, 15), (6, 12)\}$

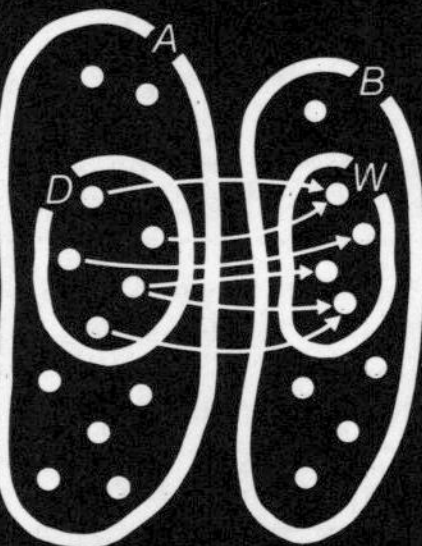

Relation

aus A in B heißt jede Teilmenge $R = \{(x, y) \mid x \in A \wedge y \in B\} \subset (A \times B)$.

***von A** in (auf) B* Der Vorbereich ist **A selbst**, keine echte Teilmenge von A.

*aus (von) A **auf B*** Der Nachbereich ist **B selbst**, keine echte Teilmenge von B.

Vorbereich *D* (Definitionsbereich, Argumentbereich) ist die Menge $\{x \mid x \in A\}$ für die es ein $y \in B$ gibt mit $(x, y) \in R$.

Nachbereich *W* (Wertbereich, Bildbereich) ist die Menge $\{y \mid y \in B\}$ für die es ein x gibt mit $(x, y) \in R$.

Bild von *x* y ist Bild von x, wenn $x \in A \wedge (x, y) \in R$.

Urbild von *y* x ist Urbild von y, wenn $y \in B \wedge (x, y) \in R$.

rechtseindeutig (auch bloß eindeutig genannt) ist eine Relation R, wenn jedes $x \in D$ *nur* ein Bild y im Wertebereich W besitzt.

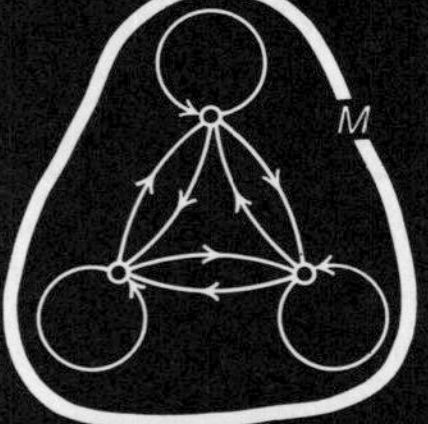

Bildmenge *R(X)* einer Menge $X \subset A$ ist die Menge der Bilder aller $x \in X$.

Inverse Relation $\overline{R}$ (oder R^{-1}) ist die Menge der geordneten Paare (y, x), für die $(x, y) \in R$.

Relation auf *M* Ist $A = B = M$, dann heißt R eine *Relation auf M*.

Eigenschaften einer Relation *R* auf *M*

R ist **reflexiv,** wenn für alle $x \in M$ gilt: xRx

R ist **symmetrisch,** wenn für alle $x, y \in M$ gilt: aus xRy folgt yRx

R ist **transitiv,** wenn für alle $x, y, z \in M$ gilt: aus xRy und yRz folgt xRz

R irreflexiv, wenn *für kein* $x \in M$ die Relation R reflexiv ist

R asymmetrisch, wenn *für kein* $x, y \in M$ die Relation R symmetrisch ist

R antisymmetrisch, (identitiv) wenn *für alle* $x, y \in M$ aus xRy und yRx folgt: $x = y$

R linear, wenn für alle $x, y \in M$ gilt, daß mindestens eine der Beziehungen besteht: xRy, yRx, $x = y$

Beispiele:

	a) *M = Menge aller Berliner; R bedeutet:*	b) *M = ℕ; R bedeutet:*
R reflexiv:	x hat dieselbe Haarfarbe wie y	x teilt y
R symmetrisch:	x ist verheiratet mit y	$x + y = 100$
R transitiv:	x ist älter als y	x ist Vielfaches von y

irreflexiv:	M = Menge aller Schüler eine Schule;	R bedeutet: x geht in eine höhere Klasse als y
asymmetrisch:	M = Menge aller Europäer;	R bedeutet: x ist der Ehemann von y
antisymmetrisch:	M = Menge aller Erdorte auf gleichem Längengrad;	R bedeutet: x liegt nicht nördlicher als y
linear:	$M = \mathbb{N}$;	R bedeutet: $x > y$

Äquivalenz- und Ordnungsrelationen

Äquivalenzrelation Eine Relation heißt Äquivalenzrelation, wenn sie *reflexiv, symmetrisch* und *transitiv* ist.

Ordnungsrelation

Irreflexiv: Eine Relation heißt irreflexive Ordnungsrelation, wenn sie *linear, transitiv* und *irreflexiv* ist.
(Eine irreflexive Ordnungsrelation ist stets *asymmetrisch*)

Reflexiv: Eine Relation heißt reflexive Ordnungsrelation, wenn sie *linear, transitiv, reflexiv* und *antisymmetrisch* ist.

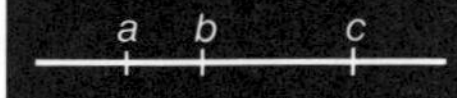

Funktion als spezielle Relation (s. auch S. 4 und S. 20)

Funktion $f\colon D \mapsto Z$

Eine Funktion $f\colon D \mapsto Z$ ist eine rechtseindeutige Relation von D *in* Z; der Vorbereich D heißt Definitionsmenge, der Nachbereich Z Zielmenge der Funktion

$f = \{(x,y) \mid x \in D \wedge y \in Z\} \subset (D \times Z)$, wobei stets sein muß:

$(x,y),\ (x,z) \in f \Longrightarrow y = z$ (Rechtseindeutigkeit)

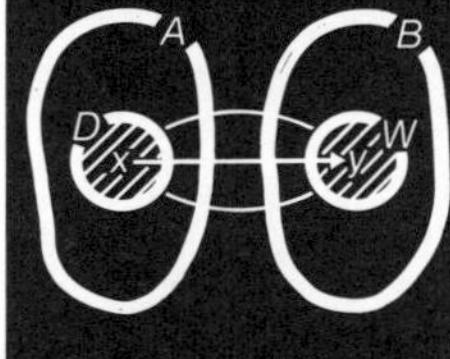

Schreib- und Sprechweisen

f — Operator der Funktion. Statt Funktion sagt man auch Abbildung oder Zuordnung oder Transformation.

$f\colon x \mapsto y$ oder $f\colon x \mapsto f(x)$ — Funktion f, die jedem Urbild $x \in D$ das Bild $y \in Z$ bzw. $f(x) \in Z$ zuordnet.

$f(x)$ — Funktionswert an der Stelle x (Bild von $x \in D$)

$W = f(D)$ — Wertemenge, Bildmenge von D (Menge aller Bilder $f(x)$).

$f\colon D \mapsto W$ — Funktion f, sie ist Abbildung *von D auf W*.

$f\colon D \mapsto W$

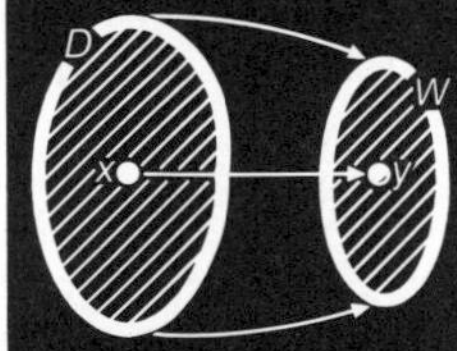

Umkehrfunktion $\bar{f}$ oder f^{-1}

Ist die zu f inverse Relation $\bar{f}$ (auch f^{-1} geschrieben) wieder eine Funktion, so heißt $\bar{f}$ Umkehrfunktion von f.
Stets ist $f \circ \bar{f} = \bar{f} \circ f =$ Identität.

$\bar{f}\colon W \mapsto D$

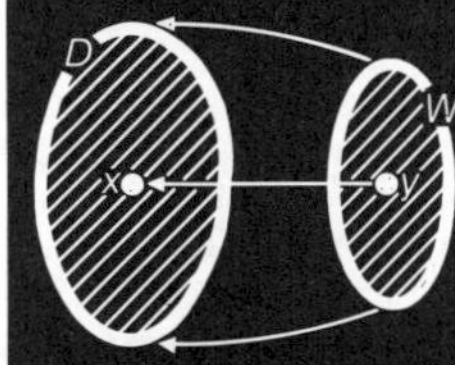

Gleichheit $f = g$

Funktionen sind gleich, wenn sie in Definitionsmenge, Zuordnungsvorschrift und Wertemenge übereinstimmen.

Sonderfälle von $f\colon D \mapsto Z$

injektiv
f injektiv $\Longleftrightarrow (x_1 \neq x_2 \Longrightarrow f(x_1) \neq f(x_2))$ (1. Fassung)
f injektiv $\Longleftrightarrow (f(x_1) = f(x_2) \Longrightarrow x_1 = x_2)$ (2. Fassung)

surjektiv
f surjektiv $\Longleftrightarrow f(D) = Z$ mit Zielmenge = Wertemenge

bijektiv
f bijektiv $\Longleftrightarrow f$ injektiv und f surjektiv

f ist { injektiv / surjektiv, / bijektiv } wenn jedes $y \in Z$ { höchstens / mindestens / genau } *einem* $x \in D$ zugeordnet ist.

Abbildungen strukturierter Mengen

$(M, \circ)$, $(\hat{M}, \hat{\circ})$ seien Mengen mit den inneren Verknüpfungen $\circ$, $\hat{\circ}$.

Eine Abbildung $f\colon M \mapsto \hat{M}$ $(a \in M,\ f(a) = \hat{a} \in \hat{M})$ heißt ein

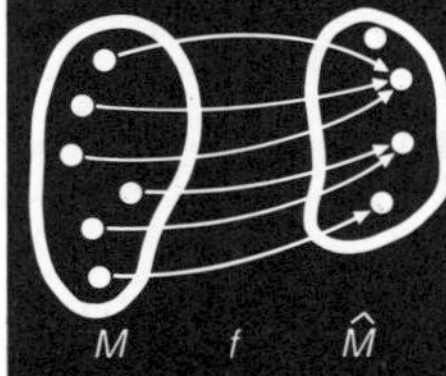

Homomorphismus, *homomorph*: wenn für alle $a, b, \in M$ gilt: $f(a \circ b) = f(a)\ \hat{\circ}\ f(b)$
M und $f(M)$ heißen homomorph (strukturverträglich).

Ein Gruppen-Homomorphismus $f\colon G \mapsto \hat{G}$ liegt vor, wenn G und $\hat{G}$ Gruppen sind.

Isomorphismus, *isomorph*: wenn für alle $a, b \in M$ gilt $f(a \circ b) = f(a)\ \hat{\circ}\ f(b)$ und f bijektiv ist.
M und $f(M)$ heißen isomorph (strukturgleichwertig).
Gruppen-Isomorphismus siehe Gruppe S. 38.

Automorphismus: Ist K ein Körper, so heißt der (Körper-) Isomorphismus $f\colon K \mapsto K$ ein Automorphismus.

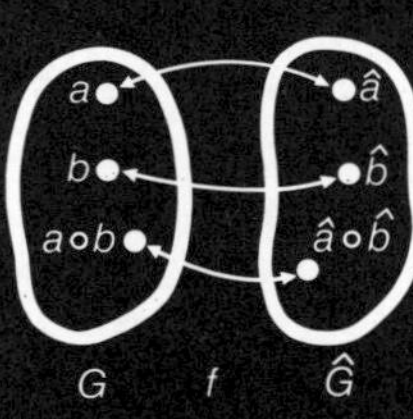

Algebraische Strukturen

Grundbegriffe

$a \circ b$

$A \times B \mapsto M$

Algebraische Verknüpfungen sind Abbildungen von $A \times B$ in M, bei denen jedem geordneten Paar $(a, b) \in A \times B$ ein Bild $(a \circ b) \in M$ zugeordnet ist (A, B, M nicht leer).

Innere Verknüpfung: $\circ\colon M \times M \mapsto M$ (Sonderfall $A = B = M$)

Äußere Verknüpfung *1. Art* $\circ\colon A \times M \mapsto M$ (Sonderfall $B = M$, $A \neq M$)

Äußere Verknüpfung *2. Art* $\circ.\ A \times A \mapsto M$ (Sonderfall $A = B \neq M$)

Beispiele:

Innere Verknüpfungen:	Produkt (Summe) zweier natürlicher Zahlen, $M = \mathbb{N}$; Vektorprodukt zweier Vektoren des Raums; Verknüpfungen in Gruppen, Ringen, Körpern.
Äußere Verknüpfung 1. Art:	Multiplikation von Vektoren mit einer Zahl (S-Mult.) ($A = \mathbb{R}$, $M =$ Menge der Vektoren; Zentr. Streckg.!); ,,Multiplikation'' der Elemente eines Körpers K mit den Elementen eines Vektorraums V ($A = K$, $M = V$).
Äußere Verknüpfung 2. Art:	Skalarprodukt zweier Vektoren des Raums

Algebraische Strukturen (Verknüpfungsgebilde)
sind nichtleere Mengen mit mindestens einer algebraischen Verknüpfung:

$\circ\colon (a, b) \mapsto a \circ b \in M$ ($a \in A$, $b \in B$; $A, B, M \neq \emptyset$; $\circ$ ist das Verknüpfungszeichen; M heißt Trägermenge).

$(M, \circ)$; $(M, \circ_1, \circ_2)$ Kurzschreibweise für diese Strukturen.

$(M, \circ_1, \circ_2)$

Gruppe $(G, \circ)$

$(G, \circ)$

$a \oplus b$

$a \ominus b$

Eine Menge G bildet bezüglich einer Verknüpfung $\circ$ eine **Gruppe**, wenn die folgenden vier Axiome erfüllt sind:

($E_\circ$) Abgeschlossenheit von *G* bezüglich $\circ$
($\circ$ ist eine innere Verknüpfung)
Zwei beliebigen Elementen $a, b \in G$ (in dieser Reihenfolge) ist genau ein Element $c \in G$ zugeordnet: $\boldsymbol{a \circ b = c}$

($A_\circ$) Assoziativgesetz
Für beliebige Elemente $a, b, c \in G$ gilt: $\boldsymbol{(a \circ b) \circ c = a \circ (b \circ c)}$

($N_\circ$) Neutrales Element
Es gibt in G ein neutrales Element e, so daß für alle $a \in G$ gilt: $\boldsymbol{a \circ e = e \circ a = a}$

($I_\circ$) Inverses Element
Zu jedem Element $a \in G$ gibt es ein inverses Element $a^\star \in G$, so daß gilt: $\boldsymbol{a \circ a^\star = a^\star \circ a = e}$

Die Axiome ($N_\circ$), ($I_\circ$) können ersetzt werden durch:
Für beliebige $a, b \in G$ existieren $x \in G$ *und* $y \in G$, so daß gilt: $\boldsymbol{a \circ x = b,\ y \circ a = b}$

($K_\circ$) Gilt für eine Gruppe $(G, \circ)$ das **Kommutativgesetz** $\boldsymbol{a \circ b = b \circ a}$, so heißt $(G, \circ)$ eine **kommutative** (ABELsche) **Gruppe.**

Halbgruppe

Ein Verknüpfungsgebilde $(G, \circ)$ heißt *Halbgruppe*, wenn in ihm neben ($E_\circ$) das Assoziativgesetz ($A_\circ$) gilt.

Isomorphe Gruppen

isomorph

Zwei Gruppen $(G, \circ)$, $(\hat{G}, \hat{\circ})$, heißen *isomorph*, wenn eine umkehrbar eindeutige Abbildung $f\colon a \in G, a \mapsto f(a) = \hat{a} \in \hat{G}$ besteht, so daß für alle Elemente $a, b \in G$ gilt: $f(a \circ b) = f(a)\, \hat{\circ}\, f(b) = \hat{a}\, \hat{\circ}\, \hat{b}$

Beispiel: $G = \mathbb{R}_+$, $\circ$ ist die gewöhnliche Multiplikation $\cdot$
$\hat{G} = \mathbb{R}$, $\hat{\circ}$ ist die gewöhnliche Addition $+$
$f\colon x \in G, x \mapsto \log x \in \hat{G}$, $\log(a \cdot b) = \log a + \log b$ $(a, b \in G)$

Ring $(R, \oplus, \odot)$

Eine Menge R bildet bezüglich zweier in R definierter Verknüpfungen „Addition" $\oplus$ und „Multiplikation" $\odot$ einen **Ring**, wenn die folgenden acht Axiome gelten (Kurzschreibweise, vergleiche die Gruppenaxiome!):

$(\mathrm{E}_\oplus)$	$s = a \oplus b$	(s „Summe")	$(\mathrm{E}_\odot)$	$p = a \odot b$ (p „Produkt")
$(\mathrm{A}_\oplus)$	$(a \oplus b) \oplus c = a \oplus (b \oplus c)$		$(\mathrm{A}_\odot)$	$(a \odot b) \odot c = a \odot (b \odot c)$
$(\mathrm{K}_\oplus)$	$a \oplus b = b \oplus a$			–
$(\mathrm{N}_\oplus)$	$0 \oplus a = a$	(0 neutr. El.) bezüglich $\oplus$)		–
$(\mathrm{I}_\oplus)$	$a^\star \oplus a = 0$	($a^\star$ invers. El. zu a bzgl. $\oplus$)		–

$(\mathrm{D}_\odot)$ $a \odot (b \oplus c) = a \odot b \oplus a \odot c$ und $(b \oplus c) \odot a = b \odot a \oplus c \odot a$

Äquivalente Definition:

$(R, \oplus, \odot)$ ist ein *Ring*, wenn $(R, \oplus)$ eine kommutative Gruppe ist und wenn $\odot$ eine Verknüpfung in R ist, für die das Assoziativgesetz gilt und wenn beide Distributivgesetze $(\mathrm{D}_\odot)$ gelten.

Anmerkung: Da jeder Ring $(R, \oplus, \odot)$ eine kommutative Gruppe $(R, \oplus)$ enthält, gibt es genau ein $x \in R$, so daß für alle $a, b \in R$ gilt:
$a \oplus x = b$, $x \oplus a = b$;
man schreibt $x = b \ominus a$ (Existenz der „Subtraktion").

Nullteiler Wenn $a \odot b = 0 \wedge a \neq 0 \wedge b \neq 0$, so heißen a und b Nullteiler.

Kommutativer Ring:
Ein Ring heißt kommutativer Ring, wenn außerdem gilt: $(\mathrm{K}_\odot)$ $a \odot b = b \odot a$

Beispiele:

1. Die *ganzen Zahlen* bilden bezüglich der gewöhnlichen Addition und der gewöhnlichen Multiplikation einen kommutativen Ring.
2. *Restklassenring modulo 4*
(Reste bei der Division natürlicher Zahlen durch 4)
$R = \{\bar{0}, \bar{1}, \bar{2}, \bar{3}\}$; $\oplus$, $\odot$ sind durch folgende *Verknüpfungstafeln* definiert:

$\bar{0} = \{x \mid x = 4n \wedge n \in \mathbb{N}\}$
$\bar{1} = \{x \mid x = 4n+1 \wedge n \in \mathbb{N}\}$
$\bar{2} = \{x \mid x = 4n+2 \wedge n \in \mathbb{N}\}$
$\bar{3} = \{x \mid x = 4n+3 \wedge n \in \mathbb{N}\}$

$\oplus$	$\bar{0}$	$\bar{1}$	$\bar{2}$	$\bar{3}$
$\bar{0}$	$\bar{0}$	$\bar{1}$	$\bar{2}$	$\bar{3}$
$\bar{1}$	$\bar{1}$	$\bar{2}$	$\bar{3}$	$\bar{0}$
$\bar{2}$	$\bar{2}$	$\bar{3}$	$\bar{0}$	$\bar{1}$
$\bar{3}$	$\bar{3}$	$\bar{0}$	$\bar{1}$	$\bar{2}$

$\odot$	$\bar{0}$	$\bar{1}$	$\bar{2}$	$\bar{3}$
$\bar{0}$	$\bar{0}$	$\bar{0}$	$\bar{0}$	$\bar{0}$
$\bar{1}$	$\bar{0}$	$\bar{1}$	$\bar{2}$	$\bar{3}$
$\bar{2}$	$\bar{0}$	$\bar{2}$	$\bar{0}$	$\bar{2}$
$\bar{3}$	$\bar{0}$	$\bar{3}$	$\bar{2}$	$\bar{1}$

$\bar{2}$ ist Nullteiler

Körper $(K, \oplus, \odot)$

Ein Ring ist ein **Körper** (kommutativer Körper) wenn außer den Axiomen für einen Ring (kommutativen Ring) noch die beiden Axiome gelten:

$(\mathrm{N}_\odot)$ $1 \odot a = a$ (1 neutr. El. bzgl. $\odot$)
$(\mathrm{I}_\odot)$ $a^{-1} \odot a = 1$ (a^{-1} inverses Element zu a bezüglich $\odot$; $a \neq 0$)

Sätze:

1. Für beliebige Elemente a, b eines kommutativen Körpers K gibt es genau ein $x \in K$, so daß gilt: $a \odot x = b$ $(a \neq 0)$;
man schreibt $x = b \oslash a$ $(a \neq 0)$ (Existenz der „Division")
2. Jeder Körper enthält eine „multiplikative" Gruppe $(K \setminus \{0\}, \odot)$
3. In einem Körper sind die vier „Rechenarten" $\oplus$, $\ominus$, $\odot$, $\oslash$ mit Ausnahme der „Division" durch 0 unbeschränkt ausführbar.

Beispiel: Die rationalen Zahlen bilden bezüglich der gewöhnlichen Addition und der gewöhnlichen Multiplikation einen kommutativen Körper.
(Die ganzen Zahlen bilden keinen Körper, da die zu einer Zahl $x \in \mathbb{Z}$ $(x \neq 1)$ reziproke Zahl x^{-1} keine ganze Zahl ist und deshalb nicht jedes Element ein inverses besitzt.)

Verband, BooLEscher Verband s. S. 35

$(R, \oplus, \odot)$
$a \oplus b$
$a \odot b$
$a \ominus b$

$(K, \oplus, \odot)$
$a \oplus b$
$a \odot b$
$a \ominus b$
$a \oslash b$

Lineare Algebra im Anschauungsraum

Vektoren im Anschauungsraum

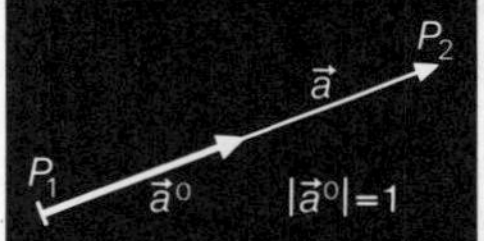

Grundbegriffe, Schreibweisen

Vektor	$\vec{a} = \overrightarrow{P_1P_2} = -\overrightarrow{P_2P_1}$; (Klasse paralleler, gleichlanger und gleichgerichteter Pfeile)
Betrag (Länge)	$\lvert\vec{a}\rvert = a = \lvert P_1P_2\rvert \quad (a \geqq 0)$
Einheitsvektoren	$\lvert\vec{a}^{\circ}\rvert = 1;\ \vec{a}^{\circ} = \dfrac{\vec{a}}{\lvert\vec{a}\rvert};\ \vec{a} = a\,\vec{a}^{\circ}$ ($\vec{a}^{\circ}$ in Richtung $\vec{a}$)
	$\vec{i}, \vec{j}, \vec{k}$ im rechtwinkligen x, y, z-(Rechts-)System
Nullvektor	$\vec{o}$ *ohne* Richtung
	$\vec{a} + \vec{o} = \vec{a},\ \vec{o} = \vec{a} + (-\vec{a});\ \lvert\vec{o}\rvert = 0;$
Ortsvektoren	von festem Punkt O ausgehend:
	$\vec{p} = \overrightarrow{OP};\ \vec{r} = \overrightarrow{OR};\ \vec{x} = \overrightarrow{OX};\ \vec{p}_1 = \overrightarrow{OP_1}$ usw.

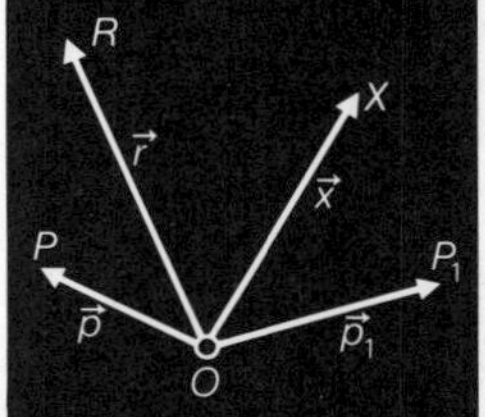

Verknüpfungen

Addition	$\vec{a} + \vec{b} = \vec{s}$	$\overrightarrow{P_1P_2} + \overrightarrow{P_2P_3} = \overrightarrow{P_1P_3}$
Subtraktion	$\vec{a} - \vec{b} = \vec{d} = \vec{a} + (-\vec{b})$	$\overrightarrow{P_1P_2} - \overrightarrow{P_1P_3} = \overrightarrow{P_3P_2}$
S-Multiplikation	(Multiplikation eines Vektors mit einer reellen Zahl $m \neq 0$)	
	$m\vec{a} = \vec{b} \Rightarrow \lvert\vec{b}\rvert = \lvert m\vec{a}\rvert = \lvert m\rvert\,\lvert\vec{a}\rvert;\ \vec{a} = \frac{1}{m}\vec{b}$	
Gesetze	$\vec{a} + \vec{b} = \vec{b} + \vec{a};$	$(\vec{a} + \vec{b}) + \vec{c} = \vec{a} + (\vec{b} + \vec{c})$
	$m(\vec{a} + \vec{b}) = m\vec{a} + m\vec{b};$	$(m + n)\,\vec{a} = m\vec{a} + n\vec{a}$
	$m(n\vec{a}) = (mn)\,\vec{a} = n(m\vec{a})$	

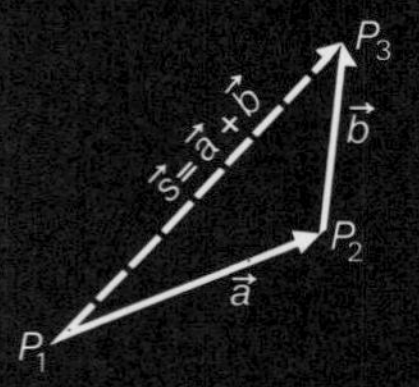

Lineare Abhängigkeit ($k_1, k_2, k_3 \in \mathbb{R};\ \vec{a}, \vec{b}, \vec{c} \neq \vec{o}$)

Kollineare Vektoren	$k_1\vec{a} + k_2\vec{b} = \vec{o} \ \wedge\ k_1^2 + k_2^2 \neq 0$	$\Leftrightarrow$	$\vec{a}, \vec{b}$ sind linear abhängig (liegen in einer Geraden)
Komplanare Vektoren	$k_1\vec{a} + k_2\vec{b} + k_3\vec{c} = \vec{o} \ \wedge\ k_1^2 + k_2^2 + k_3^2 \neq 0$	$\Leftrightarrow$	$\vec{a}, \vec{b}, \vec{c}$ sind linear abhängig (liegen in einer Ebene)

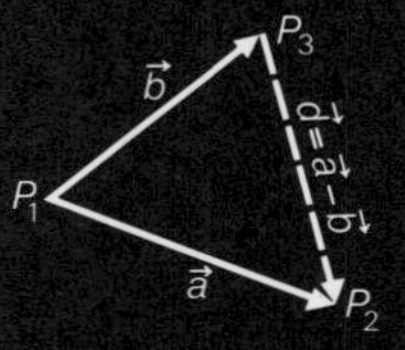

Komponentenzerlegung, Koordinaten

Komponenten	Wenn $\vec{a}, \vec{b}$ linear unabhängig und $\vec{c} = m_1\vec{a} + m_2\vec{b}$, heißt $m_1\vec{a}$ die Komponente von $\vec{c}$ in Richtung $\vec{a}$ usw.
Koordinaten	m_1, m_2 heißen die Koordinaten des Vektors $\vec{c}$ bezüglich der Basis $\vec{a}, \vec{b}$. Im rechtwinkligen x, y, z-System mit den Einheitsvektoren $\vec{i}, \vec{j}, \vec{k}$ heißen a_x, a_y, a_z die rechtwinkligen Koordinaten des Vektors $\vec{a} = a_x\vec{i} + a_y\vec{j} + a_z\vec{k}$.

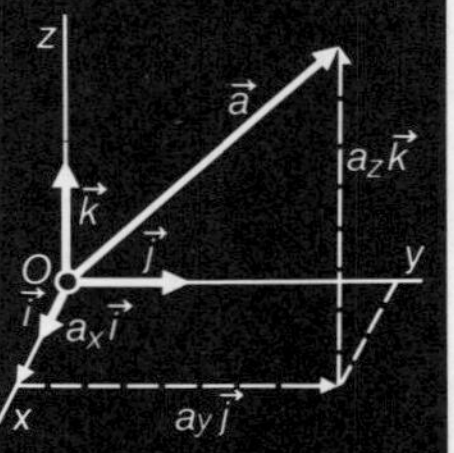

Skalarprodukt

Definition	$\vec{a}\,\vec{b} = \vec{a} \cdot \vec{b} = \lvert\vec{a}\rvert \cdot \lvert\vec{b}\rvert \cos \sphericalangle(\vec{a}, \vec{b}) = ab \cos \sphericalangle(\vec{a}, \vec{b})$
	In rechtwinkligen Koordinaten ist $\vec{a}\,\vec{b} = a_x b_x + a_y b_y + a_z b_z$.
Sonderfälle	$\vec{a}\,\vec{b} = 0 \Leftrightarrow \vec{a} \perp \vec{b}$ oder $\vec{a} = \vec{o}$ oder $\vec{b} = \vec{o}$
	$\vec{a} \cdot \vec{a} = \vec{a}^2 = a^2 = a_x^2 + a_y^2 + a_z^2$
Gesetze	$\vec{a}\,\vec{b} = \vec{b}\,\vec{a};\ \vec{a}(\vec{b} + \vec{c}) = \vec{a}\,\vec{b} + \vec{a}\,\vec{c}$
	$m(\vec{a}\,\vec{b}) = (m\vec{a})\,\vec{b} = (m\vec{b})\,\vec{a}$
Senkrechte Projektion	Senkrechte Projektion $\vec{p}$ des Vektors $\vec{b}$ auf Vektor $\vec{a}$:
	$\vec{p} = \dfrac{\vec{a}\,\vec{b}}{a^2}\,\vec{a}$

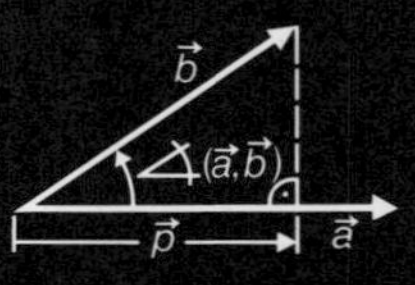

Vektorprodukt (Kreuzprodukt)

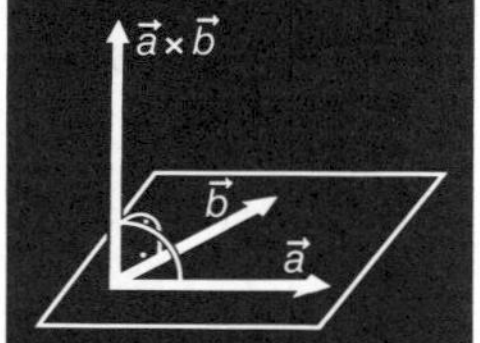

Definition — Der Vektor $\vec{a}\times\vec{b} = \vec{c}$ steht senkrecht auf $\vec{a}$ und $\vec{b}$, bildet mit $\vec{a}$ und $\vec{b}$ in der Reihenfolge $\vec{a}, \vec{b}, \vec{c}$ ein Rechts-System und hat den Betrag $|\vec{c}| = ab \cdot \sin \sphericalangle(\vec{a}, \vec{b})$.
In rechtwinkligen Koordinaten ist:

$$\vec{a}\times\vec{b} = \begin{vmatrix} \vec{i} & \vec{j} & \vec{k} \\ a_x & a_y & a_z \\ b_x & b_y & b_z \end{vmatrix} = \begin{cases} (a_y b_z - a_z b_y)\,\vec{i} + \\ +(a_z b_x - a_x b_z)\,\vec{j} + \\ +(a_x b_y - a_y b_x)\,\vec{k} \end{cases}$$

Sonderfälle — $\vec{a}\times\vec{b} = \vec{o} \Leftrightarrow \vec{a}\,||\,\vec{b}$ oder $\vec{a} = \vec{o}$ oder $\vec{b} = \vec{o}$
$|\vec{a}\times\vec{b}| = a\,b$, wenn $\vec{a}\perp\vec{b}$

Gesetze — $\vec{b}\times\vec{a} = -(\vec{a}\times\vec{b})$; $\vec{a}\times(\vec{b}+\vec{c}) = \vec{a}\times\vec{b} + \vec{a}\times\vec{c}$
$(m\vec{a})\times\vec{b} = \vec{a}\times(m\vec{b}) = m(\vec{a}\times\vec{b})$

Spatprodukt, Entwicklungssatz

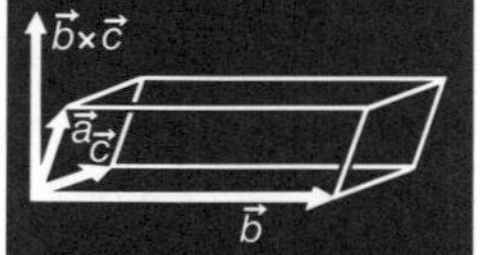

Spatprodukt — $(\vec{a}, \vec{b}, \vec{c}) = (\vec{a}\times\vec{b})\,\vec{c} = (\vec{b}\times\vec{c})\,\vec{a} = (\vec{c}\times\vec{a})\,\vec{b} =$
$= -(\vec{b}\times\vec{a})\,\vec{c} = -(\vec{c}\times\vec{b})\,\vec{a} = -(\vec{a}\times\vec{c})\,\vec{b}$

Das Spatprodukt bedeutet das Volumen des aus den Kanten $\vec{a}, \vec{b}, \vec{c}$ aufgespannten Spats; es ergibt sich eine positive (negative) Zahl, wenn $\vec{a}, \vec{b}, \vec{c}$ ein Rechts-(Links-)System bilden.

Entwicklungssatz — $(\vec{a}\times\vec{b})\times\vec{c} = (\vec{a}\,\vec{c})\,\vec{b} - (\vec{b}\,\vec{c})\,\vec{a}$

Vektorielle analytische Geometrie (Parameter $r, s, t \in \mathbb{R}$)

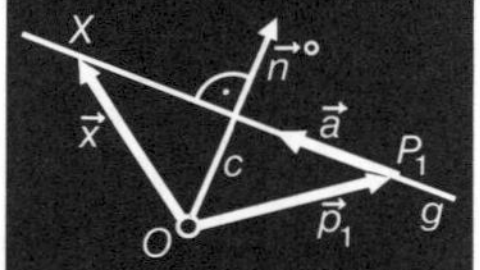

Gerade

Punkt-Richtungs-Form	*g durch* $P_1(\vec{p}_1)$ *mit Richtung* $\vec{a}$: $\vec{x} = \vec{p}_1 + t\,\vec{a}$
Zwei-Punkte-Form	*g durch* P_1 *und* P_2: $\vec{x} = \vec{p}_1 + t(\vec{p}_2 - \vec{p}_1)$
HESSEsche-Normalform (in Ebene)	*g durch* $P_1(\vec{p}_1)$ *mit* $\vec{n}\perp g$: $\vec{n}^\circ(\vec{x} - \vec{p}_1) = \vec{n}^\circ\,\vec{x} - c = 0$
Windschiefe Geraden	g_1: $\vec{x} = \vec{p}_1 + t\,\vec{a}$, g_2: $\vec{x} = \vec{p}_2 + s\,\vec{b}$ sind windschief, wenn $(\vec{p}_2 - \vec{p}_1)(\vec{a}\times\vec{b}) \neq 0$
Dreiecksfläche	$A = \frac{1}{2}\left|(\vec{p}_2 - \vec{p}_1)\times(\vec{p}_3 - \vec{p}_1)\right|$

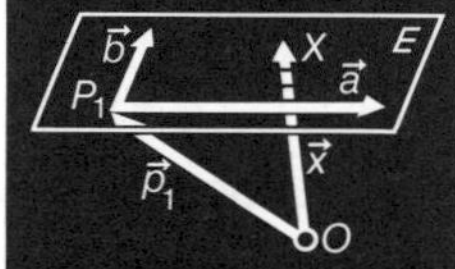

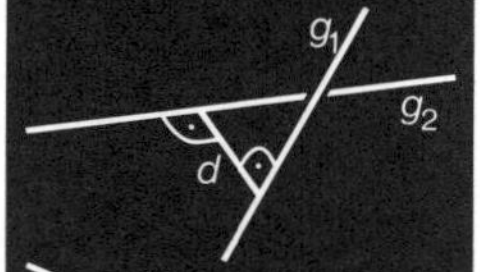

Ebene, *bestimmt durch:*

Punkt und 2 Richtungen	$P_1, \vec{a}, \vec{b}$;	$\vec{x} = \vec{p}_1 + t\,\vec{a} + s\,\vec{b}$
Drei Punkte	P_1, P_2, P_3;	$\vec{x} = \vec{p}_1 + t(\vec{p}_2 - \vec{p}_1) + s(\vec{p}_3 - \vec{p}_1)$
Punkt und Gerade ($P_1 \notin g$)	P_1, g (mit g: $\vec{x} = \vec{u} + t\cdot\vec{v}$):	$\vec{x} = \vec{p} + r(\vec{u} - \vec{p}_1) + s\,\vec{v}$
Punkt und Normalenvektor (HESSEform)	$P_1, \vec{n}$;	$\vec{n}^\circ(\vec{x} - \vec{p}_1) = 0$

Abstand P_0 von Ebene $(P_1, \vec{n})$: $d = |\vec{n}^\circ(\vec{p}_0 - \vec{p}_1)|$

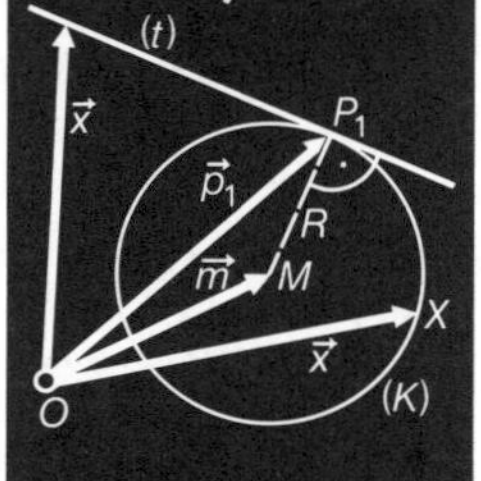

Kugel (Kreis) *Mittelpunkt M* $(\vec{m})$, *Radius R* $(\vec{x} - \vec{m})^2 = R^2$

Tangentialebene (Tangente) in $P_1(\vec{p}_1)$ $(\vec{x} - \vec{m})(\vec{p}_1 - \vec{m}) = R^2$

Einfache Punktabbildungen Urpunkt $P(\vec{p})$, Bildpunkt $\overline{P}(\vec{\overline{p}})$

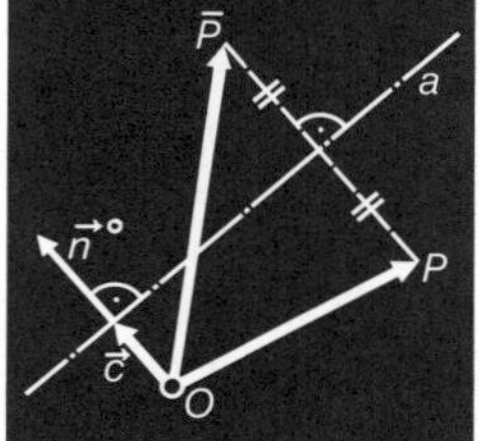

Schiebung	*Schubvektor:* $\vec{v}$	$\vec{\overline{p}} = \vec{p} + \vec{v}$	
Spiegelung an Achse	*Achse a:* $\vec{n}^\circ\,\vec{x} - c = 0$	$\vec{\overline{p}} = \vec{p} - 2(\vec{n}^\circ\,\vec{p} - c)\,\vec{n}^\circ$	
Zentrische Streckung	*Zentrum:* $Z(\vec{z})$	$\vec{\overline{p}} = \vec{z} + k(\vec{p} - \vec{z})$	$(k \in \mathbb{R})$

Punktspiegelung an $Z(\vec{z})$ ist Spezialfall der zentrischen Streckung mit $k = -1$.

Lineare Algebra im n-dimensionalen Raum

Vektorraum $(V, \oplus)$ über $(S, +, \cdot)$

Definition

Eine Menge V heißt **Vektorraum** über dem Körper $(S, +, \cdot)$, wenn für alle $\vec{a}, \vec{b} \in V$ und alle $\lambda, \mu \in S$ zwei Verknüpfungen definiert sind:

1. **Vektoraddition** $\oplus$: $(\vec{a}, \vec{b}) \mapsto (\vec{a} \oplus \vec{b}) \in V$ $(V \times V \mapsto V)$, wobei $(V, \oplus)$ eine kommutative Gruppe ist.
2. **S-Multiplikation** $\odot$: $(\lambda, \vec{a}) \mapsto (\lambda \odot \vec{a}) \in V$ $(S \times V \mapsto V)$, für die gilt:

Assoziativgesetz	$\lambda \odot (\mu \odot \vec{a}) = (\lambda \cdot \mu) \odot \vec{a}$
Distributivgesetz I	$(\lambda + \mu) \odot \vec{a} = (\lambda \odot \vec{a}) \oplus (\mu \odot \vec{a})$
Distributivgesetz II	$\lambda \odot (\vec{a} \oplus \vec{b}) = (\lambda \odot \vec{a}) \oplus (\lambda \odot \vec{b})$
S-Mult. des neutral. Elements $1 \in S$	$1 \odot \vec{a} = \vec{a}$

Anmerkung: 1) Der Nullvektor $\vec{o}$ ist das neutrale Element von $(V, \oplus)$.
2) Statt $\vec{a} \oplus \vec{b}$ schreibt man auch $\vec{a} + \vec{b}$.
3) Statt $\lambda \odot \vec{a}$ schreibt man auch $\lambda \vec{a}$.
4) $\lambda \vec{a} = \vec{o} \Leftrightarrow (\lambda = 0 \vee \vec{a} = \vec{o})$

Reeller Vektorraum

heißt ein Vektorraum, wenn $(S, +, \cdot)$ der Körper $(\mathbb{R}, +, \cdot)$ der reellen Zahlen ist.

Beispiel: Vektoren im Anschauungsraum über dem Körper $(\mathbb{R}, +, \cdot)$

Untervektorraum

Eine Teilmenge U eines Vektorraums V (über S) heißt *Untervektorraum* von V, wenn U ein Vektorraum (über S) ist.

Kriterium für Untervektorraum

Eine nichtleere Teilmenge U eines Vektorraums (über S) ist *genau dann* ein Untervektorraum von V, wenn gilt:

$$\left.\begin{array}{l} \vec{a} \in U \wedge \vec{b} \in U \Rightarrow (\vec{a} \oplus \vec{b}) \in U \\ (\vec{a} \in U \wedge \lambda \in S) \Rightarrow \lambda \odot \vec{a} \in U \end{array}\right\} \Leftrightarrow \left\{\begin{array}{l} \vec{a} \in U \wedge \vec{b} \in U \wedge \lambda, \mu, \in S \Rightarrow \\ \quad \Rightarrow (\lambda \odot \vec{a} \oplus \mu \odot \vec{b}) \in U \end{array}\right.$$

Linearkombination der Vektoren $\vec{a}_1, \vec{a}_2, \ldots, \vec{a}_n \in V$

$\vec{x} = x_1 \vec{a}_1 + x_2 \vec{a}_2 + \cdots + x_n \vec{a}_n$

Lineare Hülle $[\vec{a}_1, \vec{a}_2, \ldots, \vec{a}_n]$

der Vektoren $\vec{a}_1, \vec{a}_2, \ldots, \vec{a}_n$ ist die Menge aller Linearkombinationen dieser Vektoren. Man sagt auch der Vektorraum V werde von den Vektoren $\vec{a}_1, \vec{a}_2, \ldots, \vec{a}_n$ aufgespannt.

Schreibweise: $V = [\vec{a}_1, \vec{a}_2, \ldots, \vec{a}_n]$

Linear abhängige (unabhängige) Vektoren

Die Vektoren $\vec{a}_1, \vec{a}_2, \ldots, \vec{a}_n$ heißen *linear abhängig,* wenn sich der Nullvektor $\vec{o}$ als Linearkombination dieser Vektoren darstellen läßt.

$x_1 \vec{a}_1 + x_2 \vec{a}_2 + \ldots + x_n \vec{a}_n = \vec{o}$ ($x_i \in S$, nicht alle x_i null)

Gibt es keine solche Darstellung, so sind die Vektoren **linear unabhängig**.

Erzeugendensystem

Gibt es im Vektorraum V endlich viele Vektoren $\vec{a}_1, \vec{a}_2, \ldots, \vec{a}_n$, so daß sich jeder Vektor $\vec{x} \in V$ als Linearkombination der Vektoren $\vec{a}_i$ darstellen läßt, dann heißt die Menge $\{\vec{a}_1, \vec{a}_2, \ldots, \vec{a}_n\}$ ein *Erzeugendensystem* von V.

Basis

Die Menge $\{\vec{a}_1, \vec{a}_2, \ldots, \vec{a}_n\}$ heißt eine *Basis* von V, wenn
1) $\{\vec{a}_1, \vec{a}_2, \ldots, \vec{a}_n\}$ ein Erzeugendensystem ist *und*
2) die Vektoren $\vec{a}_1, \vec{a}_2, \ldots, \vec{a}_n$ linear unabhängig sind.

Dimension

Die Anzahl n der Vektoren einer Basis heißt *Dimension von V.* Schreibweise: $\dim V = n$

Satz: Ein Vektorraum besitzt genau dann die Dimension n, wenn er n linear unabhängige Vektoren besitzt und je $(n + 1)$ Vektoren linear abhängig sind.

$(V, \oplus)$

$\vec{a} \oplus \vec{b}$

$\lambda \odot \vec{a}$

$(\mathbb{R}, +, \cdot)$

$U \subset V$

$[\vec{a}_1, \vec{a}_2, \ldots, \vec{a}_n]$

$\sum_{i=1}^{n} x_i \vec{a}_i = \vec{o}$

$\{\vec{a}_1, \vec{a}_2, \ldots, \vec{a}_n\}$

$\dim V$

Sonderfälle von Vektorräumen, Koordinaten

$\vec{x}\,\vec{y}$

Skalarmultiplikation (Skalarprodukt $\vec{x}\,\vec{y}$)

Eine Abbildung $f\colon V \times V \mapsto \mathbb{R}$ heißt Skalarmultiplikation, wenn gilt:

$\vec{x}\,\vec{y} = \vec{y}\,\vec{x}$ (kommutativ); $\vec{x}\,(\vec{y}+\vec{z}) = \vec{x}\,\vec{y} + \vec{x}\,\vec{z}$ (distributiv);

$\vec{x}\,(k\vec{y}) = k\,(\vec{x}\,\vec{y})$ (gemischt assoziativ);

$\vec{x}\,\vec{x} = \vec{x}^2 > 0$ für alle $\vec{x} \neq \vec{o}$, $\vec{x}^2 = 0$ für $\vec{x} = \vec{o}$ (positiv definit)

x_i

Koordinaten

$\{\vec{a}_1, \vec{a}_2, \ldots, \vec{a}_n\}$ sei eine Basis des Vektorraums V über S. Wegen $V = [\vec{a}_1, \vec{a}_2, \ldots \vec{a}_n]$ läßt sich ein beliebiger Vektor $\vec{x} \in V$ als Linearkombination von $\vec{a}_1, \vec{a}_2, \ldots, \vec{a}_n$ darstellen. Die in $\vec{x} = x_1\vec{a}_1 + x_2\vec{a}_2 + \ldots + x_n\vec{a}_n$ eindeutig bestimmten $x_i \in S$ heißen die *Koordinaten* von $\vec{x}$ bezüglich dieser Basis.

Das n-Tupel $(x_1, x_2, \ldots, x_n)$ heißt *Koordinatenvektor* $\vec{x}$ bezüglich dieser Basis.

$\mathbb{R}^n$

Koordinatenraum

Ist V ein Vektorraum mit $\dim V = n$, dann heißt $\mathbb{R}^n$ der Koordinatenraum von V. Jedes Element von $\mathbb{R}^n$ heißt Koordinatenvektor. In Spaltenschreibweise ist:

$\mathbb{R}^n$: $(x_i, y_i \in \mathbb{R})$

$$\begin{pmatrix} x_1 \\ x_2 \\ \vdots \\ x_n \end{pmatrix} + \begin{pmatrix} y_1 \\ y_2 \\ \vdots \\ y_n \end{pmatrix} = \begin{pmatrix} x_1+y_1 \\ x_2+y_2 \\ \vdots \\ x_n+y_n \end{pmatrix}; \quad \lambda \begin{pmatrix} x_1 \\ x_2 \\ \vdots \\ x_n \end{pmatrix} = \begin{pmatrix} \lambda x_1 \\ \lambda x_2 \\ \vdots \\ \lambda x_n \end{pmatrix}$$

Isomorphismus bei Vektorräumen

V und $\hat{V}$ seien Vektorräume über $\mathbb{R}$. Man nennt V isomorph zu $\hat{V}$, wenn es eine bijektive Abbildung f von V auf $\hat{V}$ gibt, so daß für alle $\vec{x}, \vec{y} \in V$, $k \in \mathbb{R}$ gilt:

$f(\vec{x}+\vec{y}) = f(\vec{x}) + f(\vec{y})$ und $f(k\vec{x}) = k f(\vec{x})$.

Satz: Jeder n-dimensionale Vektorraum über $\mathbb{R}$ ist isomorph zum Vektorraum $\mathbb{R}^n$.

$f\colon\ \vec{x} = x_1\vec{a}_1 + x_2\vec{a}_2 + \ldots + x_n\vec{a}_n \mapsto (x_1, x_2, \ldots, x_n)$

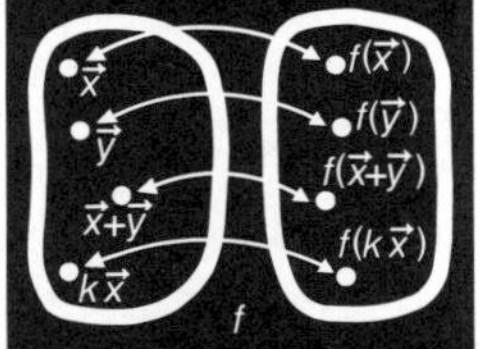

Euklidischer Vektorraum

Ein euklid. Vektorraum ist ein Vektorraum, in dem eine Skalarmultiplikation definiert ist.

Affiner Punktraum

Affiner Punktraum

Ein *affiner Punktraum A* bezüglich eines Vektorraums V über S ist eine Menge von Punkten $P, Q, R, \ldots$, wenn folgende Axiome erfüllt sind:

1. Zwei beliebigen Punkten $P, Q \in A$ ist ein Vektor $\overrightarrow{PQ}$ zugeordnet.
2. Zu jedem Punkt $P \in A$ und zu jedem Vektor $\vec{v} \in V$ gibt es genau einen Punkt $Q \in A$, so daß $\vec{v} = \overrightarrow{PQ}$ ist.
3. Für alle Punkte $P, Q, R \in A$ gilt $\overrightarrow{PQ} + \overrightarrow{QR} = \overrightarrow{PR}$

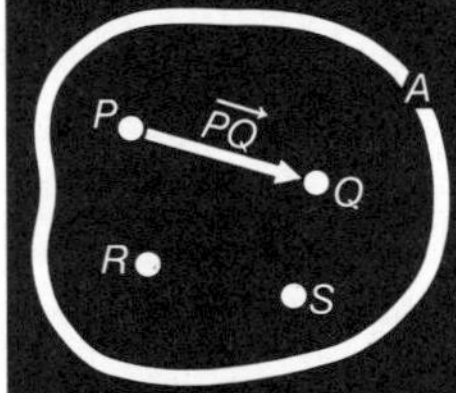

Sätze: $\overrightarrow{PQ} = \vec{o} \Leftrightarrow P = Q$ (Nullvektor $\overrightarrow{PP} = \vec{o}$); *Gegenvektor:* $\overrightarrow{PQ} = -\overrightarrow{QP}$

$\overrightarrow{PQ} = \overrightarrow{P'Q'} \Leftrightarrow \overrightarrow{PP'} = \overrightarrow{QQ'}$ (*Parallelogrammregel*)

Affiner Teilraum

F sei ein fester Punkt des affinen Raumes A, und U sei ein Untervektorraum des zugehörigen Vektorraums V. Ein *affiner Teilraum B* von A ist die *Punktmenge* $B = \{P \mid P \in A \wedge \overrightarrow{FP} \in U\}$. Hat U die Dimension k, so heißt B *k-dimensional*.

Gerade g: Teilraum mit Dimension 1; *Ebene E:* Teilraum mit Dimension 2

Parallele Teilräume:

Die Teilräume B_1 und B_2 heißen *parallel zueinander*, wenn für die zugehörigen Untervektorräume U_1 und U_2 gilt: $U_1 \subset U_2$ oder $U_2 \subset U_1$.

Euklidischer Punktraum

Ein euklid. Punktraum ist ein affiner Punktraum bzgl. eines euklidischen Vektorraums.

Matrizen als Hilfsmittel der linearen Algebra

Matrix Eine rechteckige Anordnung von $m \cdot n$ Elementen a_{ik} in m Zeilen und n Spalten heißt (m, n)-Matrix.

$$\boldsymbol{A}, (\boldsymbol{a_{ik}}) \quad \begin{pmatrix} a_{11} & a_{12} & a_{13} & \dots & a_{1n} \\ a_{21} & a_{22} & a_{23} & \dots & a_{2n} \\ \dots & & & \dots & \dots \\ a_{m1} & a_{m2} & a_{m3} & \dots & a_{mn} \end{pmatrix}$$

Zeilenvektor $\vec{a^i}$: $(a_{i1}, a_{i2}, \dots, a_{in})$

Spaltenvektor $\vec{a_k}$: $\begin{pmatrix} a_{1k} \\ a_{2k} \\ \vdots \\ a_{mk} \end{pmatrix}$

Rang r Die Matrix A hat den Rang r, wenn es in ihr eine r-reihige Determinante $D \neq 0$ gibt, während alle Determinanten mit mehr als r Reihen den Wert 0 haben.

Quadratische Matrix $\boldsymbol{A}$ $(m = n)$

Ordnung	Die Anzahl der Zeilen (Spalten) heißt Ordnung n.
Hauptdiagonale	Die Elemente der Hauptdiagonale sind $a_{11}, \dots, a_{nn}$.
Dreiecksmatrix	Alle Elemente unterhalb der Hauptdiagonale sind 0.
Diagonalmatrix	Alle Elemente außerhalb der Hauptdiagonale sind 0 $(a_{ik} = 0$ für $i \neq k)$.
Einsmatrix $\boldsymbol{E}$	Diagonalmatrix, für die alle $a_{ii} = 1$ sind $(i = 1, 2, \dots, n)$.
Nullmatrix $\boldsymbol{O}$	Alle $a_{ik} = 0$ (Ist auch für Matrizen mit $m \neq n$ so definiert.)
Inverse Matrix $\boldsymbol{A^{-1}}$	$A A^{-1} = A^{-1} A = E$; die zu A inverse Matrix A^{-1} existiert genau dann, wenn $\det A \neq 0$ ist ($\det A$ s. S. 46).

Produkt zweier Matrizen

BA ist nur definiert, wenn die Spaltenzahl n von B gleich der Zeilenzahl von A ist.

$C = BA$ mit $c_{ik} = b_{i1} a_{1k} + b_{i2} a_{2k} + \dots + b_{in} a_{nk} = \vec{b^i}\,\vec{a_k}$ (Beispiele s. S. 45)

Affine Abbildungen in der Ebene $E \longrightarrow E$

E: affine Ebene

Allgemeine affine Abbildung $P(x|y) \mapsto \overline{P}(\overline{x}|\overline{y})$ $(P \in E)$

$$\overline{x} = a_1 x + b_1 y + c_1;\quad \overline{y} = a_2 x + b_2 y + c_2$$
(Koordinatenschreibweise)

$$\begin{pmatrix}\overline{x}\\ \overline{y}\end{pmatrix} = x\begin{pmatrix}a_1\\ a_2\end{pmatrix} + y\begin{pmatrix}b_1\\ b_2\end{pmatrix} + \begin{pmatrix}c_1\\ c_2\end{pmatrix};$$
(Vektorschreibweise)

$$\begin{pmatrix}\overline{x}\\ \overline{y}\end{pmatrix} = \overbrace{\begin{pmatrix}a_1 & b_1\\ a_2 & b_2\end{pmatrix}}^{\boldsymbol{A}}\begin{pmatrix}x\\ y\end{pmatrix} + \begin{pmatrix}c_1\\ c_2\end{pmatrix}$$
(Matrixschreibweise)

Induzierte Vektorabbildung

Für die Abbildung $\vec{v} \mapsto \vec{\overline{v}}$ eines Vektors gilt:

$$\vec{v} = \begin{pmatrix}v_x\\ v_y\end{pmatrix} \mapsto \vec{\overline{v}} = \begin{pmatrix}\overline{v}_x\\ \overline{v}_y\end{pmatrix}:\quad \begin{aligned}\overline{v}_x &= a_1 v_x + b_1 v_y\\ \overline{v}_y &= a_2 v_x + b_2 v_y\end{aligned}$$

Abbildung des $(O; E_1; E_2)$-Koordinatensystems:

$O\,(0;0) \mapsto \overline{O}\ (c_1; c_2)$;

$\vec{OE_1} \mapsto \begin{pmatrix}a_1\\ a_2\end{pmatrix}$; $\vec{OE_2} \mapsto \begin{pmatrix}b_1\\ b_2\end{pmatrix}$;

Eigenvektor $\vec{v}$ heißt Eigenvektor, wenn $\vec{\overline{v}} = k\vec{v}$ ist. $(k \in \mathbb{R} \wedge k \neq 0; \vec{v} \neq \vec{o})$

Eigenwerte Der Skalarfaktor k in $\vec{\overline{v}} = k\vec{v}$ heißt Eigenwert.
Eigenwerte ergeben sich aus der quadratischen Gleichung für k:
$$\begin{vmatrix} a_1 - k & b_1 \\ a_2 & b_2 - k \end{vmatrix} = 0$$

Affine Abbildungen mit Fixpunkt $\boldsymbol{O}$ (s. auch S. 17)

$$\vec{\overline{x}} = \boldsymbol{A}\vec{x};\quad \begin{pmatrix}\overline{x}\\ \overline{y}\end{pmatrix} = \begin{pmatrix}a_1 & b_1\\ a_2 & b_2\end{pmatrix}\begin{pmatrix}x\\ y\end{pmatrix} = \begin{pmatrix}a_1 x + b_1 y\\ a_2 x + b_2 y\end{pmatrix}$$

$$\det A = D = \begin{vmatrix} a_1 & b_1 \\ a_2 & b_2 \end{vmatrix} \neq 0$$

Flächenverhältnis bei affiner Abbildung: $\overline{F} : F = |D|$

Inverse Abbildung

$$\vec{x} = \boldsymbol{A}^{-1}\vec{\overline{x}} \quad \text{mit } A^{-1} = \begin{pmatrix} \frac{1}{D} b_2 & -\frac{1}{D} b_1 \\ -\frac{1}{D} a_2 & \frac{1}{D} a_1 \end{pmatrix}$$

Flächentreue Abbildung:
$|D| = 1$
$(+1$ gleichsinnig, -1 gegensinnig$)$

Affinität Jede bijektive affine Abbildung heißt Affinität.

Sätze

1. Affinitäten sind *geraden-*, *parallelen-* und *teilverhältnistreu.*
2. Eine von der Identität verschiedene Affinität hat entweder *keinen Fixpunkt* oder *genau einen Fixpunkt* oder *genau eine Fixpunktgerade.*
3. Gilt für eine Affinität mit Fixpunkt $(a_1 - 1)(b_2 - 1) - a_2 b_1 = 0$, so ist sie eine *Achsenaffinität* (genau eine Fixpunktgerade) oder die *Identität.*

A

m = n

B A

E ⟶ E

P ⟼ P̄

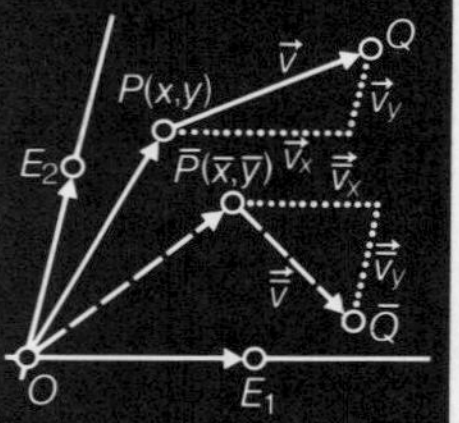

$\vec{\overline{v}} = k\vec{v}$

$O \equiv \overline{O}$

$\vec{\overline{x}} = A\vec{x}$

$\vec{x} = A^{-1}\vec{\overline{x}}$

(Ortsvektoren)

Sonderfälle von Affinitäten (siehe auch S. 17)

Achsenaffinitäten

mit Fixpunktgerade $y = 0$:

A	Abbildung	A	Abbildung
$\begin{pmatrix} 1 & 0 \\ 0 & -1 \end{pmatrix}$	**Orthogonale Spiegelung**	$\begin{pmatrix} 1 & 0 \\ 0 & k \end{pmatrix}$	**Orth. Affinität** *Aff.faktor. k*
$\begin{pmatrix} 1 & p \\ 0 & 1 \end{pmatrix}$	**Scherung** *Scherkoeff. p*	$\begin{pmatrix} 1 & q \\ 0 & -1 \end{pmatrix}$	**Schrägspiegelung** *Schrägsp.koeff. q*

Beispiel einer Verkettung:

$$\begin{pmatrix} 1 & p \\ 0 & -1 \end{pmatrix}\begin{pmatrix} 1 & p \\ 0 & -1 \end{pmatrix} = \begin{pmatrix} 1 & 0 \\ 0 & 1 \end{pmatrix}$$

(d. h. Schrägspiegelungen sind involutorisch)

mit Fixpunktgerade $y = mx$

A	Abbildung
$\begin{pmatrix} 1+a & b \\ -\frac{a^2}{b} & 1-a \end{pmatrix} \wedge b \neq 0$	**Scherung**
Scherkoeff. $p = \frac{a^2+b^2}{b}$; $\tan\varphi = m = -\frac{a}{b}$; $D = +1$	
$\begin{pmatrix} 1+a & b \\ -\frac{a(a+2)}{b} & -(1+a) \end{pmatrix} \wedge b \neq 0$	**Schrägspgl.**
Schrägsp.-koeff. $q = \frac{a(a+2)+b^2}{b}$; $\tan\varphi = -\frac{a}{b}$	

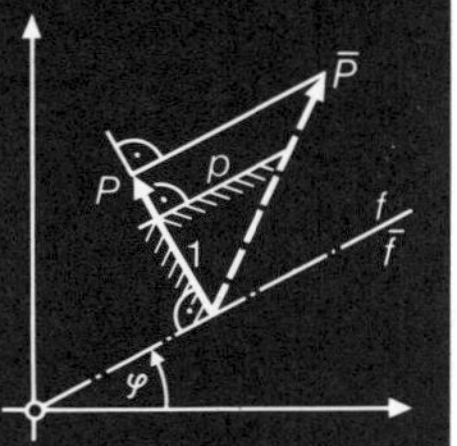

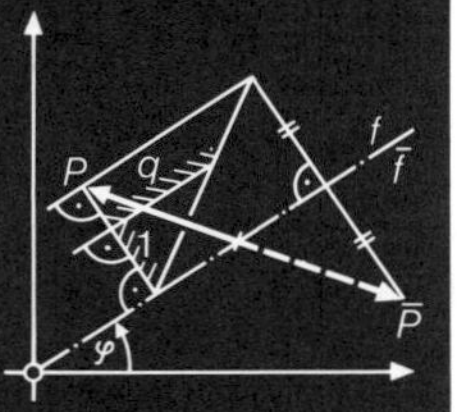

Orthogonale Euleraffinitäten

Eine Fixgerade	A	Streckfaktoren k_1, k_2	Winkel der Fixgeraden
$y = 0$	$\begin{pmatrix} a & 0 \\ 0 & b \end{pmatrix}$	$k_1 = a$ in x-Richtung $k_2 = b$ in y-Richtung	$\varphi_1 = 0°$; $\varphi_2 = 90°$
$y = mx$ ($m = \tan\varphi_1$)	$\begin{pmatrix} a & c \\ c & b \end{pmatrix}$	$k_{1/2} = \frac{1}{2}\left(a+b \pm \sqrt{(a-b)^2+4c^2}\right)$	$\tan 2\varphi_{1/2} = \frac{2c}{a-b}$

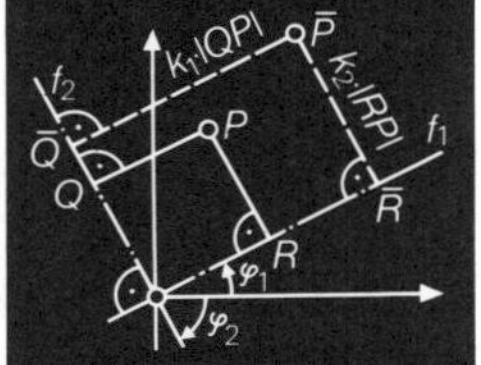

Involutorische Abbildungen (Bild des Bildpunkts ist der Originalpunkt.)

Eine Abbildung α heißt involutorisch, wenn gilt: $\alpha \circ \alpha = \mathrm{I}$ (Identität)
Ist A die zu α gehörende Abbildungsmatrix, so gilt: $AA = E$ (Einsmatrix)

Lineare Abbildungen $V \longrightarrow V$

V: Vektorraum

Definition — Eine Abbildung α ist eine **lineare Abbildung**, wenn für alle $\vec{x}, \vec{y} \in V$ gilt: $\alpha(\vec{x}+\vec{y}) = \alpha(\vec{x}) + \alpha(\vec{y})$
und $\alpha(k\vec{x}) = k \cdot \alpha(\vec{x})$, $k \in \mathbb{R}$

$\alpha(\vec{x})$ — $\alpha(\vec{x})$ ist andere Schreibweise für das Bild $\bar{\vec{x}}$ von $\vec{x}$ bei Abbildung α.

Bilder der Basisvektoren — Basis von V: $\{\vec{e}_1, \vec{e}_2, \vec{e}_3\}$ $\quad \bar{\vec{e}}_1 = a_{11}\vec{e}_1 + a_{21}\vec{e}_2 + a_{31}\vec{e}_3$;
$\bar{\vec{e}}_2 = a_{12}\vec{e}_1 + a_{22}\vec{e}_2 + a_{32}\vec{e}_3$; $\quad \bar{\vec{e}}_3 = a_{13}\vec{e}_1 + a_{23}\vec{e}_2 + a_{33}\vec{e}_3$.

Lineare Abbildung $\vec{x} \mapsto \bar{\vec{x}}$ $\quad (x_1\vec{e}_1 + x_2\vec{e}_2 + x_3\vec{e}_3 \mapsto \bar{x}_1\vec{e}_1 + \bar{x}_2\vec{e}_2 + \bar{x}_3\vec{e}_3)$

$\bar{\vec{x}} = A\vec{x}$

$$\begin{pmatrix} \bar{x}_1 \\ \bar{x}_2 \\ \bar{x}_3 \end{pmatrix} = \begin{pmatrix} a_{11} & a_{12} & a_{13} \\ a_{21} & a_{22} & a_{23} \\ a_{31} & a_{32} & a_{33} \end{pmatrix}\begin{pmatrix} x_1 \\ x_2 \\ x_3 \end{pmatrix} = \begin{pmatrix} a_{11}x_1 + a_{12}x_2 + a_{13}x_3 \\ a_{21}x_1 + a_{22}x_2 + a_{23}x_3 \\ a_{31}x_1 + a_{32}x_2 + a_{33}x_3 \end{pmatrix}$$

Produkt einer (3,3)-Matrix mit einem Spaltenvektor von 3 Elementen

Inverse Abbildung $\vec{x} = A^{-1}\bar{\vec{x}}$ (det $A \neq 0$)

Kern K — Menge K der Urbilder des Nullvektors: $K = \{\vec{x} \mid \vec{x} \in V \wedge \bar{\vec{x}} = \vec{o}\}$

Verkettung $\bar{\vec{x}} = A\vec{x}$; $\bar{\bar{\vec{x}}} = B\bar{\vec{x}}$; $\bar{\bar{\vec{x}}} = B(A\vec{x}) = (\boldsymbol{BA})\vec{x}$ (B nach A)

$\bar{\bar{\vec{x}}} = (\boldsymbol{BA})\vec{x}$ mit Matrizenprodukt $BA = \begin{pmatrix} b_{11} & b_{12} & b_{13} \\ b_{21} & b_{22} & b_{23} \\ b_{31} & b_{32} & b_{33} \end{pmatrix}\begin{pmatrix} a_{11} & a_{12} & a_{13} \\ a_{21} & a_{22} & a_{23} \\ a_{31} & a_{32} & a_{33} \end{pmatrix} =$

$$= \begin{pmatrix} b_{11}a_{11}+b_{12}a_{21}+b_{13}a_{31} & b_{11}a_{12}+b_{12}a_{22}+b_{13}a_{32} & b_{11}a_{13}+b_{12}a_{23}+b_{13}a_{33} \\ b_{21}a_{11}+b_{22}a_{21}+b_{23}a_{31} & b_{21}a_{12}+b_{22}a_{22}+b_{23}a_{32} & b_{21}a_{13}+b_{22}a_{23}+b_{23}a_{33} \\ b_{31}a_{11}+b_{32}a_{21}+b_{33}a_{31} & b_{31}a_{12}+b_{32}a_{22}+b_{33}a_{32} & b_{31}a_{13}+b_{32}a_{23}+b_{33}a_{33} \end{pmatrix}$$

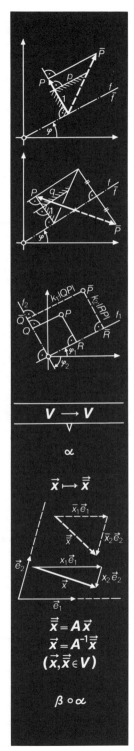

Inverse Verkettung $\vec{x} = (A^{-1}B^{-1})\bar{\bar{\vec{x}}}$

$V \longrightarrow V$

α

$\vec{x} \mapsto \bar{\vec{x}}$

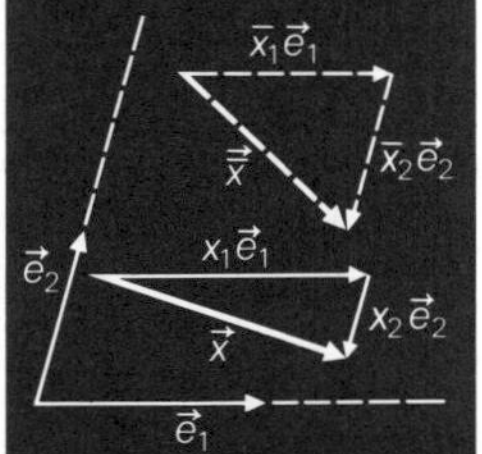

$\bar{\vec{x}} = A\vec{x}$
$\vec{x} = A^{-1}\bar{\vec{x}}$
$(\vec{x}, \bar{\vec{x}} \in V)$

$\beta \circ \alpha$

Determinanten

$\begin{vmatrix} a_{11} & a_{12} \\ a_{21} & a_{22} \end{vmatrix}$

Definition (n-reihige Determinanten werden analog bezeichnet und entwickelt)

$$\begin{vmatrix} a_{11} & a_{12} \\ a_{21} & a_{22} \end{vmatrix} = a_{11}\,a_{22} - a_{12}\,a_{21}; \qquad \begin{vmatrix} a_{11} & a_{12} & a_{13} \\ a_{21} & a_{22} & a_{23} \\ a_{31} & a_{32} & a_{33} \end{vmatrix} = a_{11} \begin{vmatrix} a_{22} & a_{23} \\ a_{32} & a_{33} \end{vmatrix} - a_{12} \begin{vmatrix} a_{21} & a_{23} \\ a_{31} & a_{33} \end{vmatrix} + a_{13} \begin{vmatrix} a_{21} & a_{22} \\ a_{31} & a_{32} \end{vmatrix}$$

Entwicklung nach Unterdeterminanten der Elemente der 1. Zeile; andere Entwicklungen siehe Sätze für n-reihige Determinanten.

SARRUS

Sarrussche Regel (gilt nur für 3reihige Determinanten)

$$\left|\begin{matrix} a_{11} & a_{12} & a_{13} \\ a_{21} & a_{22} & a_{23} \\ a_{31} & a_{32} & a_{33} \end{matrix}\right| \begin{matrix} a_{11} & a_{12} \\ a_{21} & a_{22} \\ a_{31} & a_{32} \end{matrix} = \begin{matrix} a_{11}\,a_{22}\,a_{33} + a_{12}\,a_{23}\,a_{31} + a_{13}\,a_{21}\,a_{32} \\ -a_{13}\,a_{22}\,a_{31} - a_{11}\,a_{23}\,a_{32} - a_{12}\,a_{21}\,a_{33} \end{matrix}$$

$- \quad - \quad - \quad + \quad + \quad +$

det A

det A Schreibweise für die aus den Elementen der quadratischen Matrix A gebildeten Determinante (vgl. S. 44).

Sätze für n-reihige Determinanten

1. Der Wert einer Determinante ändert sich nicht, wenn man
   a) Zeilen (Horizontalreihen) und Spalten (Vertikalreihen) vertauscht,
   b) zu den Elementen einer Reihe das k-fache der entsprechenden Elemente einer parallelen Reihe addiert.
2. Wenn man zwei Parallelreihen miteinander vertauscht, so ändert sich nur das Vorzeichen der Determinante.
3. Sind zwei Parallelreihen gleich oder proportional, dann ist der Wert der Determinante gleich Null.
4. Eine Determinante wird mit einer Zahl $k \in \mathbb{R}$ multipliziert, indem man jedes Element einer Zeile (oder einer Spalte) mit k multipliziert.
5. Für das Produkt von zwei n-reihigen Determinanten det A und det B gilt:
   det A · det B = det AB (Matrizenmultiplikation s. S. 44).

Sonderfall: det A · det $A^{-1} = 1$ oder det $A^{-1} = (\det A)^{-1}$
(A^{-1} ist inverse Matrix zu A, s. S. 44).

Lineare Gleichungssysteme

$A\vec{x} = \vec{b}$

(3,3)-System (n,n)-Systeme analog

Koordinatenschreibweise	*Vektorschreibweise*	*Matrixschreibweise*
(1) $a_{11}x_1 + a_{12}x_2 + a_{13}x_3 = b_1$ (2) $a_{21}x_1 + a_{22}x_2 + a_{23}x_3 = b_2$; (3) $a_{31}x_1 + a_{32}x_2 + a_{33}x_3 = b_3$	$x_1\vec{a}_1 + \ldots + x_n\vec{a}_n = \vec{b}$;	$\begin{pmatrix} a_{11} & a_{12} & a_{13} \\ a_{21} & a_{22} & a_{23} \\ a_{31} & a_{32} & a_{33} \end{pmatrix} \begin{pmatrix} x_1 \\ x_2 \\ x_3 \end{pmatrix} = \begin{pmatrix} b_1 \\ b_2 \\ b_3 \end{pmatrix}$

$D = \det A$; $(A = (a_{ik}))$ $\quad D_1 = \begin{vmatrix} b_1 & a_{12} & a_{13} \\ b_2 & a_{22} & a_{23} \\ b_3 & a_{32} & a_{33} \end{vmatrix}$; $\quad D_2 = \begin{vmatrix} a_{11} & b_1 & a_{13} \\ a_{21} & b_2 & a_{23} \\ a_{31} & b_3 & a_{33} \end{vmatrix}$; $\quad D_3 = \begin{vmatrix} a_{11} & a_{12} & b_1 \\ a_{21} & a_{22} & b_2 \\ a_{31} & a_{32} & b_3 \end{vmatrix}$

Lineare Abhängigkeit (Unabhängigkeit) — Zusammenhänge s. S. 47

(1), (2), (3) heißen linear abhängig (unabhängig), wenn
$\lambda_1(a_{11}x_1 + a_{12}x_2 + a_{13}x_3 - b_1) + \lambda_2(a_{21}x_1 + a_{22}x_2 + a_{23}x_3 - b_2) + \lambda_3(a_{31}x_1 + a_{32}x_2 + a_{33}x_3 - b_3) = 0$ eine von $(\lambda_1; \lambda_2; \lambda_3) = (0; 0; 0)$ verschiedene Lösung hat (nur die Lösung $(\lambda_1; \lambda_2; \lambda_3) = (0; 0; 0)$ hat).

Homogenes System: Alle $b_i = 0$ **Inhomogenes System:** Nicht alle $b_i = 0$

Elimination

Gaußsches Eliminationsverfahren zum Lösen von (3,3)-Systemen

Man formt in *äquivalente Systeme* mit folgenden *Systemmatrizen* um:

$$\begin{matrix} (1) \\ (2) \\ (3) \end{matrix} \begin{pmatrix} a_{11} & a_{12} & a_{13} & b_1 \\ a_{21} & a_{22} & a_{23} & b_2 \\ a_{31} & a_{32} & a_{33} & b_3 \end{pmatrix} \Longleftrightarrow \begin{matrix} (1) \\ (2') \\ (3') \end{matrix} \begin{pmatrix} a_{11} & a_{12} & a_{13} & b_1 \\ 0 & a'_{22} & a'_{23} & b'_2 \\ 0 & a'_{32} & a'_{33} & b'_3 \end{pmatrix} \Longleftrightarrow \begin{matrix} (1) \\ (2') \\ (3'') \end{matrix} \begin{pmatrix} a_{11} & a_{12} & a_{13} & b_1 \\ 0 & a'_{22} & a'_{23} & b'_2 \\ 0 & 0 & a''_{33} & b''_3 \end{pmatrix}; \; a_{11} \neq 0$$

Elemente von (2′): Elemente von (1) mit $\frac{a_{21}}{a_{11}}$ multiplizieren und Produkte von den Elementen von (2) subtrahieren; entsprechend bis det (a_{ik}) Dreiecksmatrix ist; dann x_3 aus (3″); x_3 in (2′) einsetzen, daraus x_2; x_3 und x_2 in (1) einsetzen, daraus x_1.

Explizite Lösungen eines (3,3)-Systems

Fallunterscheidungen (*Schreibweise* und *Determinanten* s. S. 46)

	Homogenes System	**Inhomogenes System**
$D \neq 0$	(1), (2), (3) sind linear unabhängig; es existiert genau 1 Lösung	
	$x_1 = x_2 = x_3 = 0$	$x_1 = \frac{D_1}{D};\ x_2 = \frac{D_2}{D};\ x_3 = \frac{D_3}{D}$
$D = 0$	Wenn $D = 0$, dann sind auch $D_1 = D_2 = D_3 = 0$	Wenn $D = 0$ und nicht alle $D_i = 0$, dann widersprechen sich die Gln.

$D = D_1 = D_2 = D_3 = 0$ und $D_{33} \neq 0$ (1), (2) lin. unabhg.; (3) von (1), (2) abhg. $D_{33} = \begin{vmatrix} a_{11} & a_{12} \\ a_{21} & a_{22} \end{vmatrix}$

Sowohl das homogene als auch das inhomogene System hat *unendlich viele Lösungen.*

Partikuläre Lösung

$u_1 = \begin{vmatrix} a_{12} & a_{13} \\ a_{22} & a_{23} \end{vmatrix};\quad u_2 = \begin{vmatrix} a_{11} & -a_{13} \\ a_{21} & -a_{23} \end{vmatrix};\quad u_3 = \begin{vmatrix} a_{11} & a_{12} \\ a_{21} & a_{22} \end{vmatrix}$ | $x_1 = \frac{\begin{vmatrix} b_1 & a_{12} \\ b_2 & a_{22} \end{vmatrix}}{D_{33}};\quad x_2 = \frac{\begin{vmatrix} a_{11} & b_1 \\ a_{21} & b_2 \end{vmatrix}}{D_{33}};\quad x_3 = 0$

Allgemeine Lösung

durch Überlagerung der partikulären Lösung (Parameter $t \in \mathbb{R}$):

$u = u_1 \cdot t;\quad v = u_2 \cdot t;\quad w = u_3 \cdot t$ | $x = x_1 + u;\ y = x_2 + v;\ z = x_3 + w$

($D_{11} \neq 0$ und $D_{22} \neq 0$ werden analog gelöst; oder x_i vertauschen, so daß $D_{33} \neq 0$ wird.)

Beispiel mit $D = D_1 = D_2 = D_3 = 0;\ D_{33} \neq 0$:

(1) $x_1 + x_2 + 3x_3 = -1$
(2) $-x_1 + 2x_2 + 4x_3 = -5$
(3) $5x_1 + 2x_2 + 8x_3 = 1$

$D_{33} = \begin{vmatrix} 1 & 1 \\ -1 & 2 \end{vmatrix} \neq 0$

Lösung des zugehörigen homogenen Systems:
$(u_1; u_2; u_3) = (-2; -7; 3)$
$(u; v; w) = (-2t; -7t; 3t)$

Lösung des inhomogenen Systems (1), (2), (3):
$(x_1; x_2; x_3) = (1; -2; 0)$
$(x; y; z) = (1-2t; -2-7t; 3t)$

Vektoren, Gleichungssysteme, Determinanten – Zusammenhänge

Satz Die lineare (Un-)Abhängigkeit von n Vektoren in einem V_n ist äquivalent zur linearen (Un-)Abhängigkeit von n zugehörigen Gleichungen.

$$x_1 \cdot \vec{a} + x_2 \cdot \vec{b} + x_3 \cdot \vec{c} = \vec{o} \iff \begin{matrix} a_1x_1 + b_1x_2 + c_1x_3 = 0 \\ a_2x_1 + b_2x_2 + c_2x_3 = 0 \\ a_3x_1 + b_3x_2 + c_3x_3 = 0 \end{matrix} \iff \begin{vmatrix} a_1 & b_1 & c_1 \\ a_2 & b_2 & c_2 \\ a_3 & b_3 & c_3 \end{vmatrix} = 0$$

und nicht alle $x_i = 0$ $\iff$ (3,3)-System lin. abh. $\iff$ $\det A = 0$

(nur für alle $x_i = 0$ $\iff$ (3,3)-System lin. unabh. $\iff$ $\det A \neq 0$)

Ergänzungen

(3,3)-System
$D \neq 0$
$D = 0$
Explizite Lösungen
$\iff$

Gliederung und Inhalt

Mathematische Tafeln mit stochastischen Tabellen zu dieser Formelsammlung von H. Sieber siehe Klett-Nr. 7178

1 36 35 | 2011

ISBN 3-12-7179 00-6